Christian Schlieder

Autodesk® Inventor® 2015

Aufbaukurs KONSTRUKTION

Viele praktische Übungen am
Konstruktionsobjekt GETRIEBE

Christian Schlieder

Autodesk® Inventor® 2015

Aufbaukurs KONSTRUKTION

Viele praktische Übungen am Konstruktionsobjekt GETRIEBE

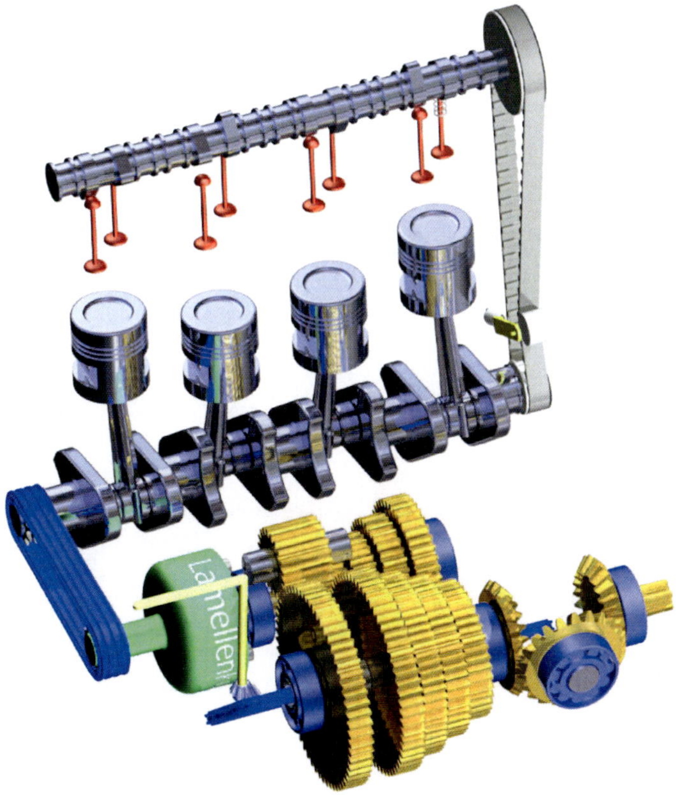

Weiterführende Literatur

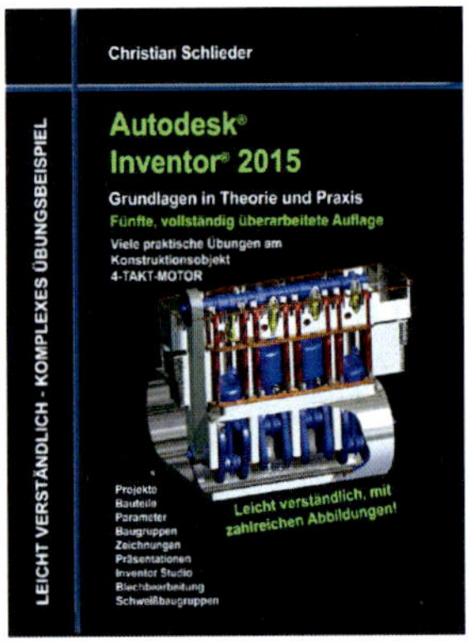

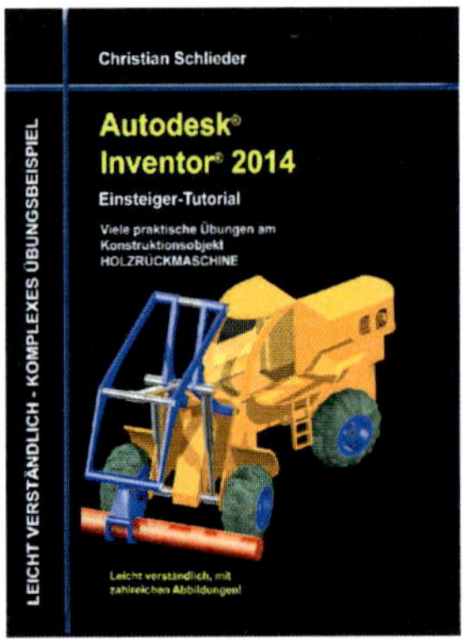

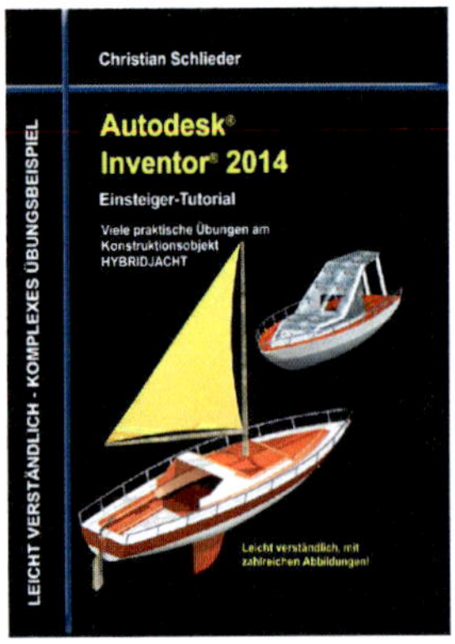

Eine Übersicht über alle Bücher finden Sie im Internet unter:

http://www.cad-trainings.de/html/Literatur.html

Alle im Buch enthaltenen Informationen wurden nach bestem Wissen und Gewissen geprüft.

Da Fehler nicht ausgeschlossen werden können, übernehmen Autor und Verlag weder Verantwortungen, Verpflichtungen oder Garantien jeglicher Art, noch Haftung für die Benutzung der bereitgestellten Informationen. Autor und Verlag übernehmen keine Gewähr dafür, dass die beschriebenen Vorgehensweisen oder Verfahren frei von Rechten Dritter sind.

Autodesk® Inventor® 2015 ist ein eingetragenes Markenzeichen von Autodesk, Inc. und/ oder seiner Tochtergesellschaften und/ oder der Tochterunternehmen in den USA und anderen Ländern.

ISBN

978-3-7357-6321-1

IMPRESSUM

Dipl.- Ing. Christian Schlieder
www.cad-trainings.de
Fax: +49 (0) 3212 - 1122290

HERSTELLUNG UND VERLAG

Books on Demand GmbH, Norderstedt
www.BoD.de

INHALTSVERZEICHNIS

1 Der Umgang mit dem Buch

1.1 Zielgruppe & Aufbau des Buches

Dieses Buch ist ein Aufbaukurs für Fortgeschrittene, die mit den Grundlagen von ***Autodesk® Inventor® 2015*** bereits vertraut sind. Das Programm verfügt im Baugruppenbereich über ein Register ***Konstruktion*** welches zur Berechnung und Konstruktion, speziell im Maschinenbau verwendeter Komponenten dient. In einem komplexen Übungsbeispiel wird der Leser theoretische Grundlagen einiger Befehle aus diesem Register erlernen und anschließend praktisch umsetzen.

Das verwendete Übungsbeispiel baut auf das Grundlagenbuch ***Autodesk® Inventor® 2015 – Grundlagen in Theorie und Praxis*** auf, in welchem ein vereinfachter 4-Takt-Motor erstellt wurde. Dieser Motor wird im vorliegenden Buch um ein Getriebe erweitert.

In diesem Buch werden die folgenden Befehle des Registers ***Konstruktion*** behandelt:

- ***Druckfeder-Generator***
- ***Gehrungen erzeugen***
- ***Gestell-Generator***
- ***Kegelräder-Generator***
- ***Keilwellen-Generator***
- ***Lager-Generator***
- ***Rollenketten-Generator***
- ***Schraubenverbindungs-Generator***
- ***Stirnräder-Generator***
- ***Wellen-Generator***
- ***Zahnriemen-Generator***
- ***Zugfeder-Generator***

Das Übungsbeispiel bietet genügend Möglichkeiten, die Befehlsketten sporadisch zu verlassen und eigene Versuche mit den Befehlen zu starten.

1.2 Digitales Zubehör zum Buch

Um die Übungen aus diesem Buch durchführen zu können, benötigen Sie das vorgefertigte Übungsprojekt, welches von der folgenden Webseite heruntergeladen werden muss:

http://www.cad-trainings.de/html/Download.html

Erstellen Sie auf Ihrem PC an einem geeigneten Speicherort einen neuen Ordner ***Übung-Konstruktion-2015***. Speichern Sie die heruntergeladene ZIP-Datei in diesem Ordner und entpacken Sie diese darin.

2 Die ersten Schritte im Programm

2.1 Bearbeiten der Anwendungsoptionen

Um die Übungen fehlerfrei umsetzen zu können wird empfohlen, einige Grundeinstellungen zu kontrollieren. Wechseln Sie hierfür ins Register ***Extras*** um dort den Befehl ***Anwendungsoptionen*** (1) zu starten. Beginnen Sie mit dem Register ***Anzeige*** (2):

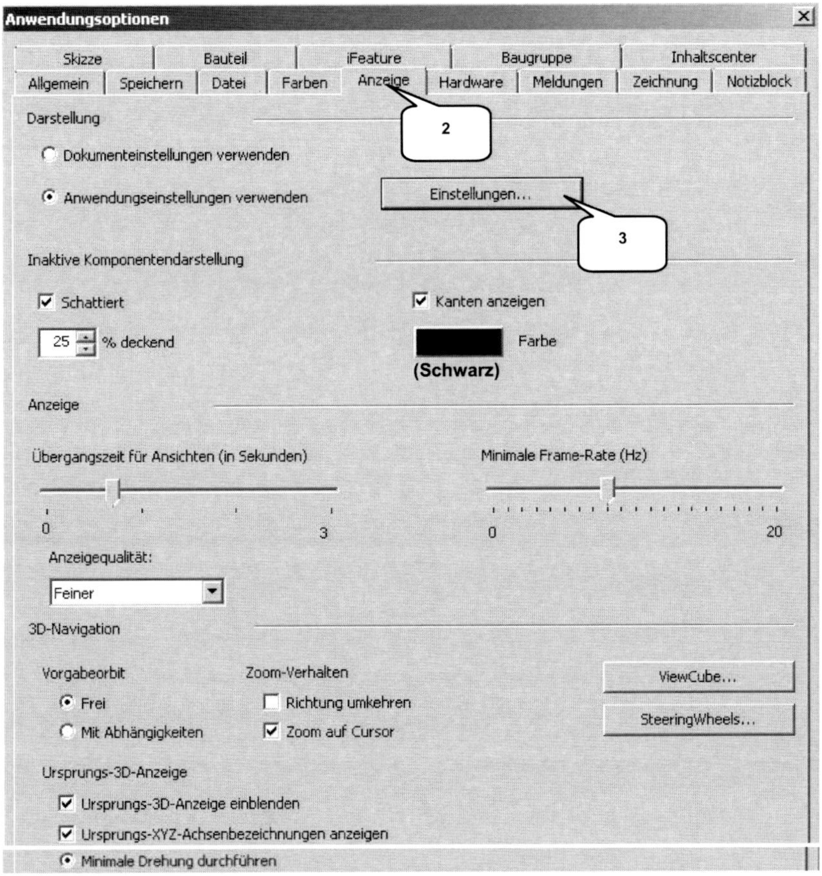

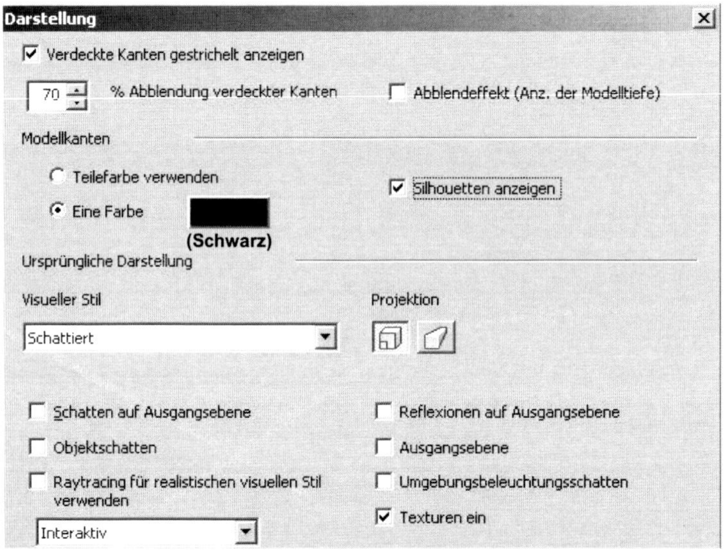

In den ***Einstellungen*** (3) sind die oben stehenden Änderungen zu übernehmen um dann im Register ***Zeichnung*** (4) die folgenden Grundeinstellungen umzusetzen:

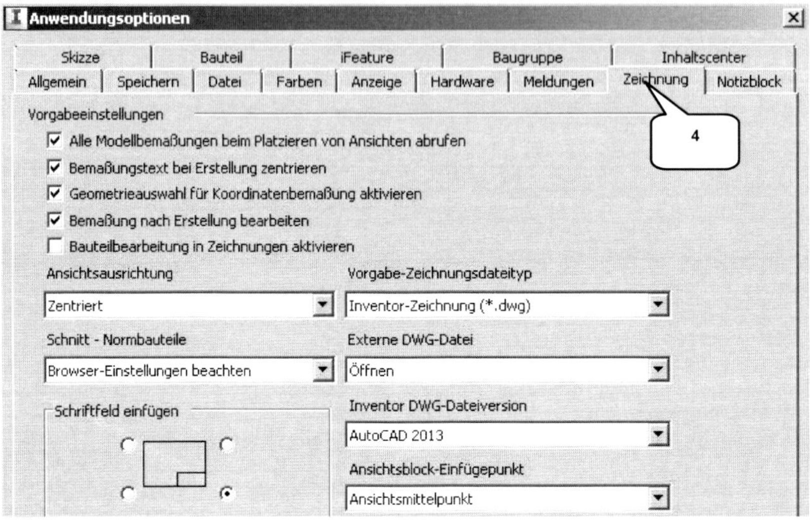

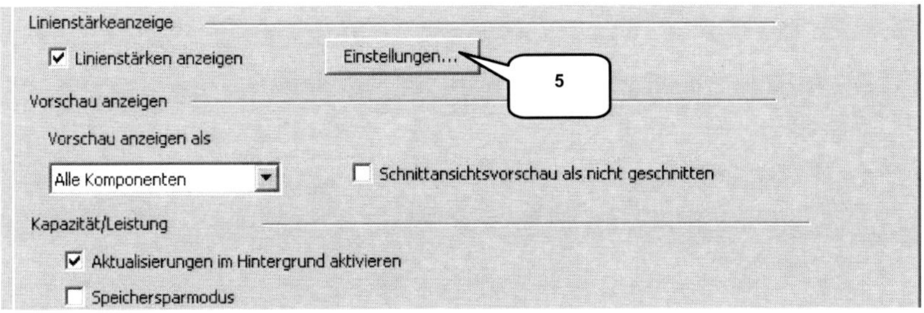

Über die ***Einstellungen*** (5) gelangt man zu den ***Linienstärken***, die ebenfalls zu ändern sind:

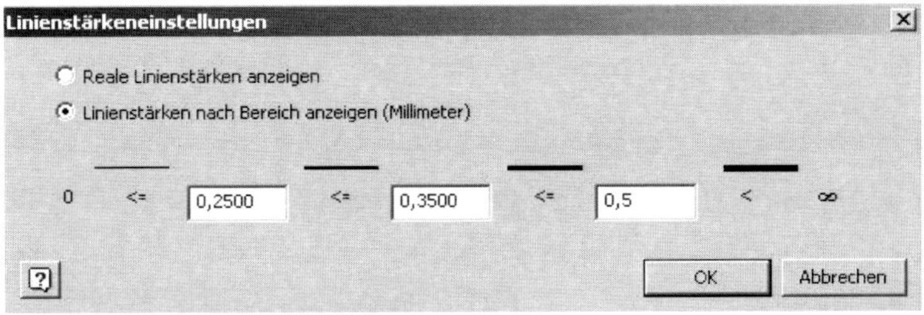

Im Register ***Baugruppe*** (6) sind dann die folgenden Änderungen zu übernehmen:

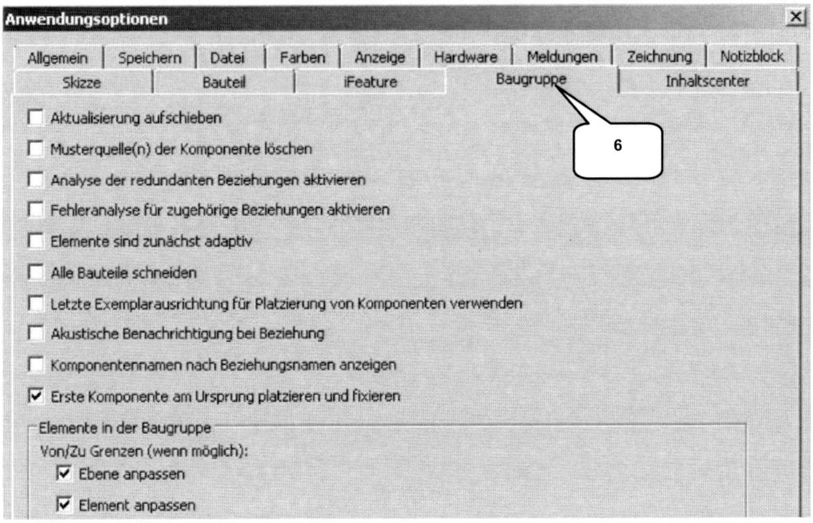

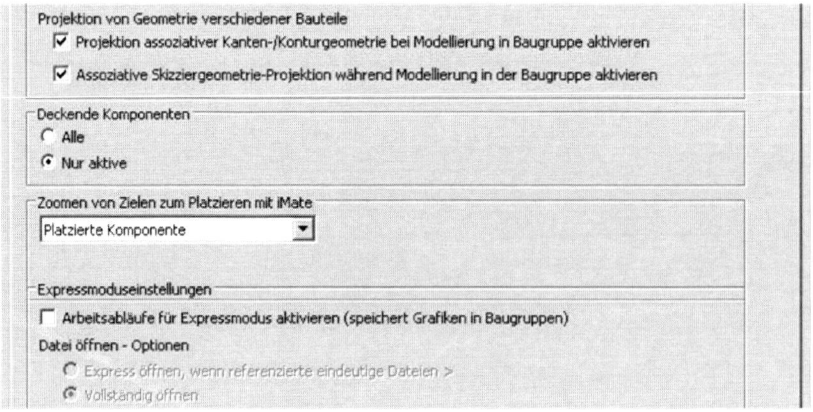

Weitere Änderungen erfolgen im Register ***Bauteil*** (7):

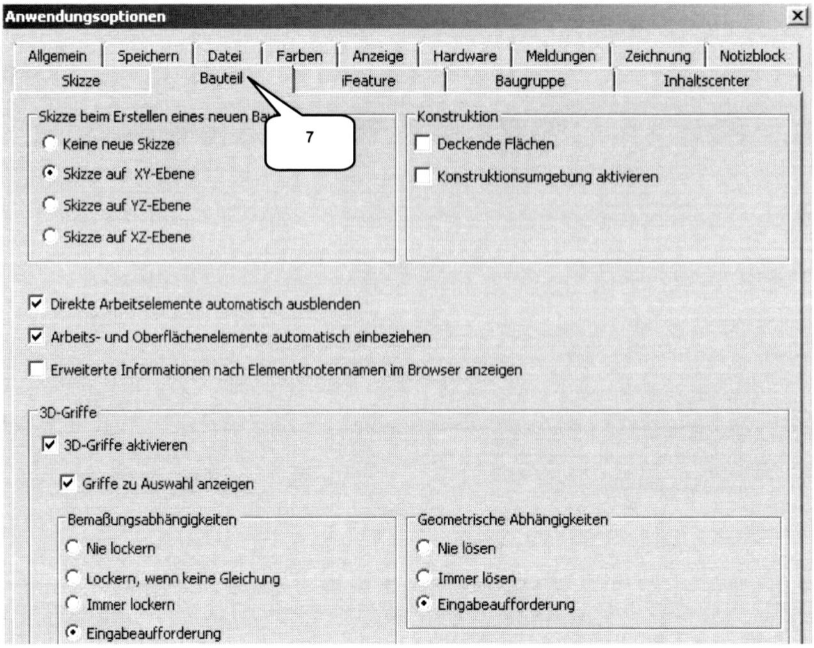

Abschließend sind die Einstellungen im Register ***Skizze*** vorzunehmen (8):

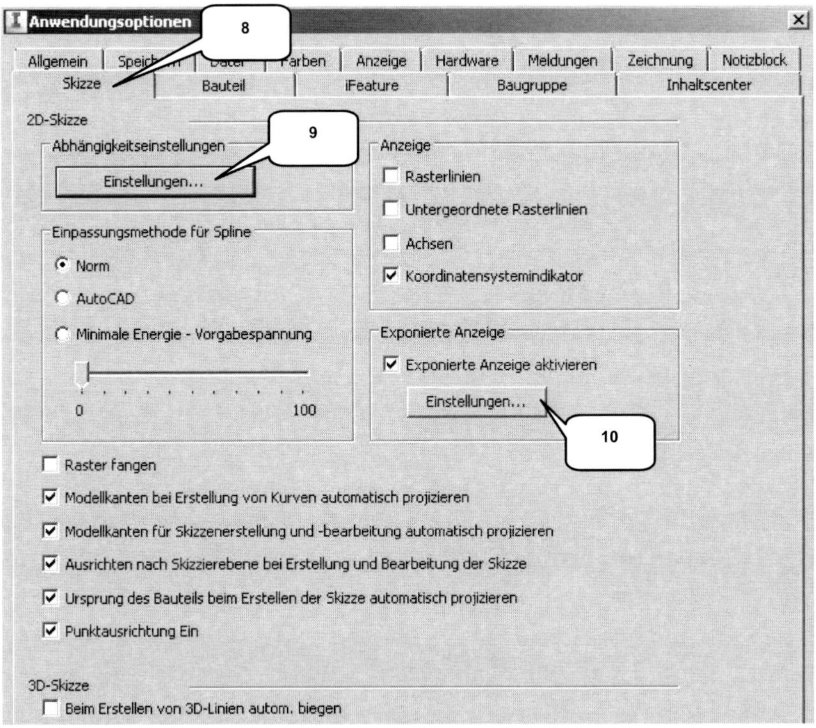

In den ***Abhängigkeitseinstellungen*** (9) sollten die darin befindlichen drei Register wie folgt voreingestellt werden:

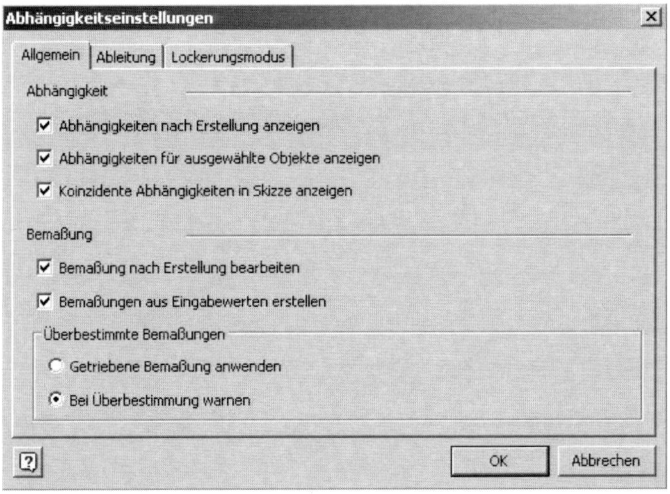

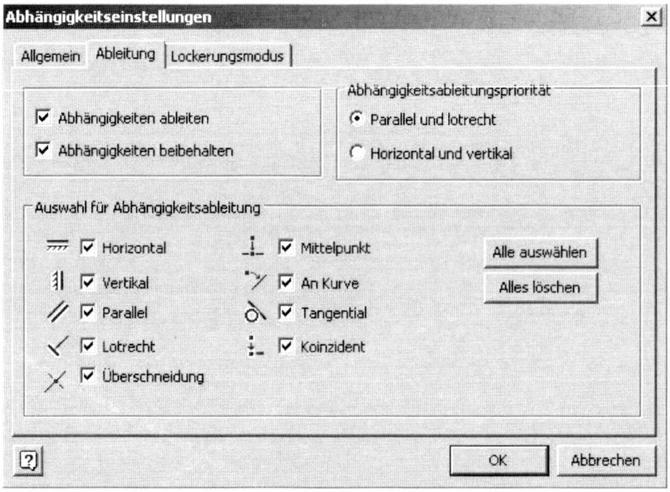

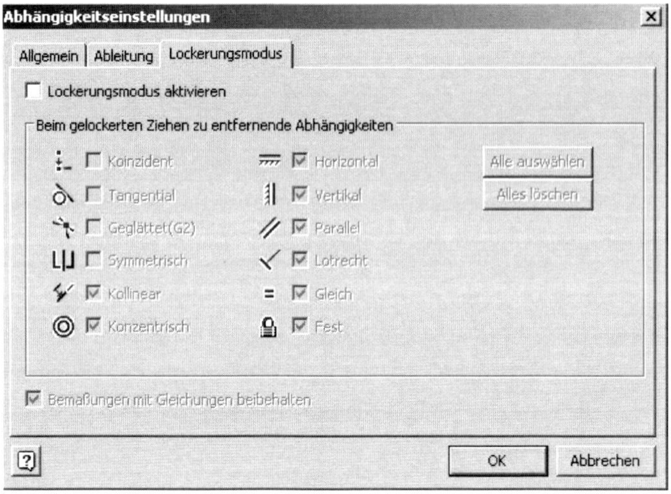

Abschließende Einstellungen sind im Bereich ***Exponierte Anzeige*** (10) zu kontrollieren. Die Anwendungsoptionen können danach mit ***OK*** (11) bestätigt werden.

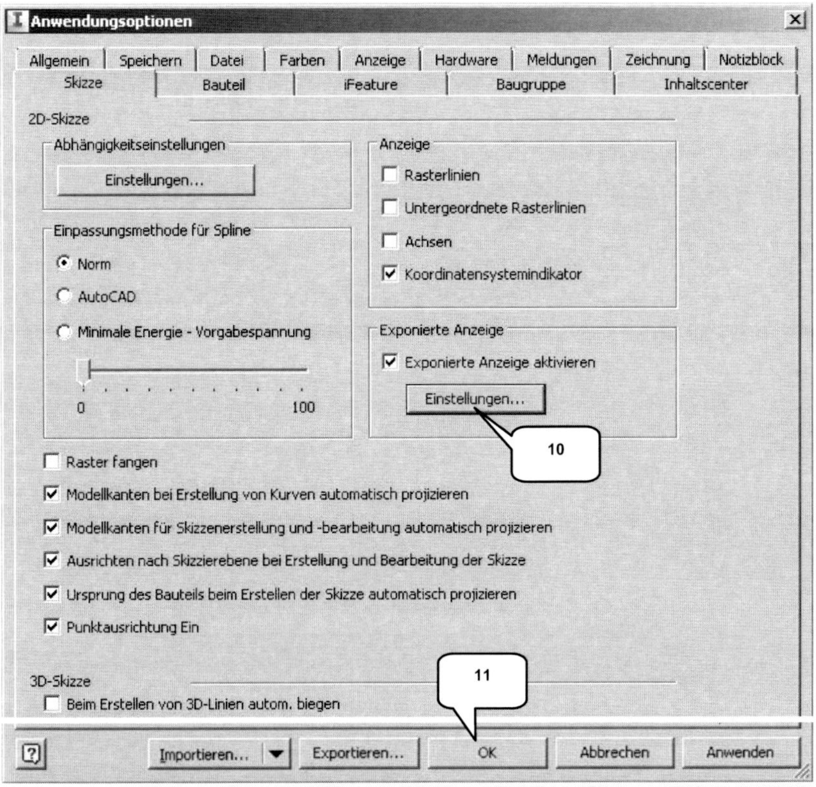
Anwendungsoptionen
Allgemein
Speichern
Datei
Farben
Anzeige
Hardware
Meldungen
Zeichnung
Notizblock
Skizze
Bauteil
iFeature
Baugruppe
Inhaltscenter
2D-Skizze
Abhängigkeitseinstellungen
Einstellungen...
Einpassungsmethode für Spline
Norm
AutoCAD
Minimale Energie - Vorgabespannung
0
100
Anzeige
Rasterlinien
Untergeordnete Rasterlinien
Achsen
Koordinatensystemindikator
Exponierte Anzeige
Exponierte Anzeige aktivieren
Einstellungen...
10
Raster fangen
Modellkanten bei Erstellung von Kurven automatisch projizieren
Modellkanten für Skizzenerstellung und -bearbeitung automatisch projizieren
Ausrichten nach Skizzierebene bei Erstellung und Bearbeitung der Skizze
Ursprung des Bauteils beim Erstellen der Skizze automatisch projizieren
Punktausrichtung Ein
3D-Skizze
Beim Erstellen von 3D-Linien autom. biegen
11
Importieren...
Exportieren...
OK
Abbrechen
Anwenden

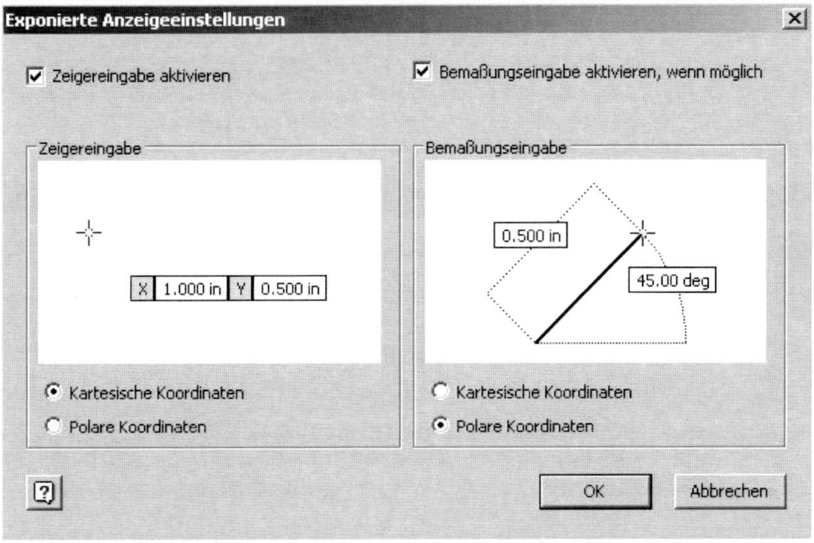
Exponierte Anzeigeeinstellungen
Zeigereingabe aktivieren
Bemaßungseingabe aktivieren, wenn möglich
Zeigereingabe
X 1.000 in Y 0.500 in
Kartesische Koordinaten
Polare Koordinaten
Bemaßungseingabe
0.500 in
45.00 deg
Kartesische Koordinaten
Polare Koordinaten
OK
Abbrechen

2.2 Öffnen des Projektes

Inventor® arbeitet grundsätzlich in Projekten, was die Koordination zusammenhängender Dateien und Einstellungen vereinfacht. Eine Projektdatei (*.ipj) sichert alle Informationen und Querverweise eines Projektes. Das ist wichtig, wenn später komplexe Projekte archiviert oder von einem PC auf einen anderen übertragen werden sollen.

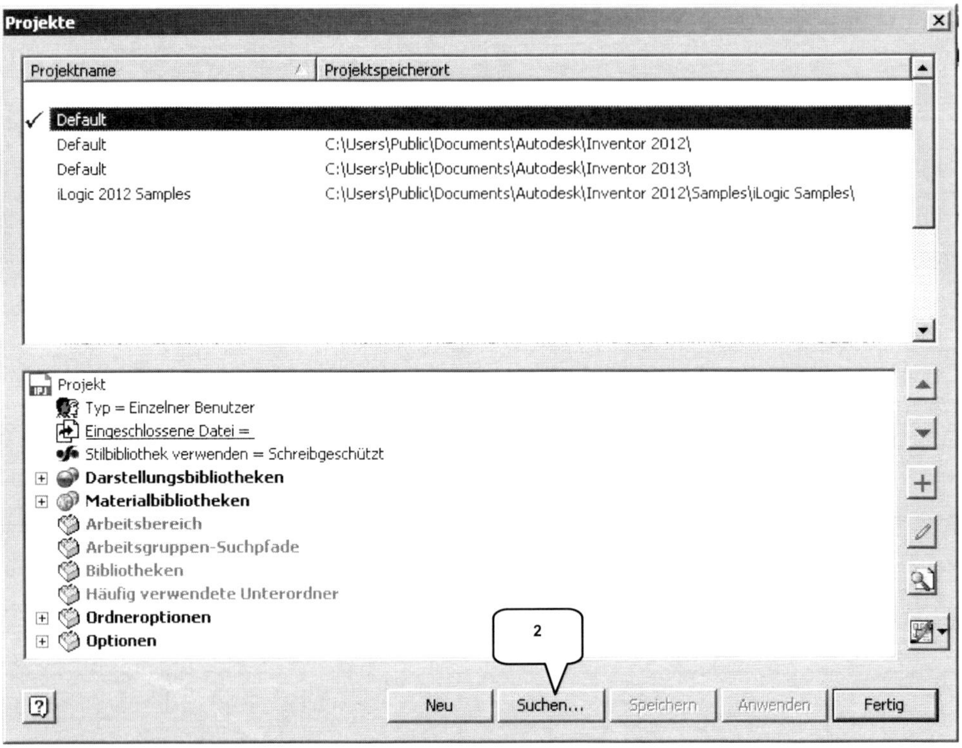

Starten Sie im Register ***Erste Schritte*** den Befehl ***Projekte*** (1). Mit der Option ***Suchen*** (2) soll in Ihrem Projektordner die Projektdatei ***Übung-Konstruktion-2015.ipj*** (3) aktiviert werden, welche sich bereits bei den extrahierten Dateien befindet.

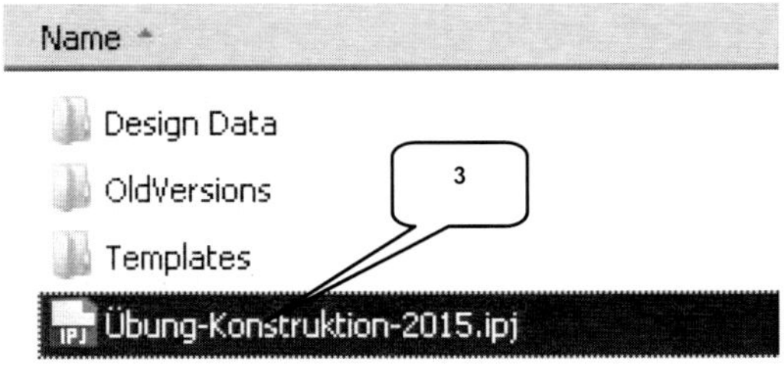

Das neue Projekt wird automatisch aktiviert, was durch einen kleinen Haken in der entsprechenden Zeile signalisiert wird. Bei der späteren Arbeit mit dem Programm, sollte das jeweils aktive Projekt nach Programmstart stets kontrolliert werden.

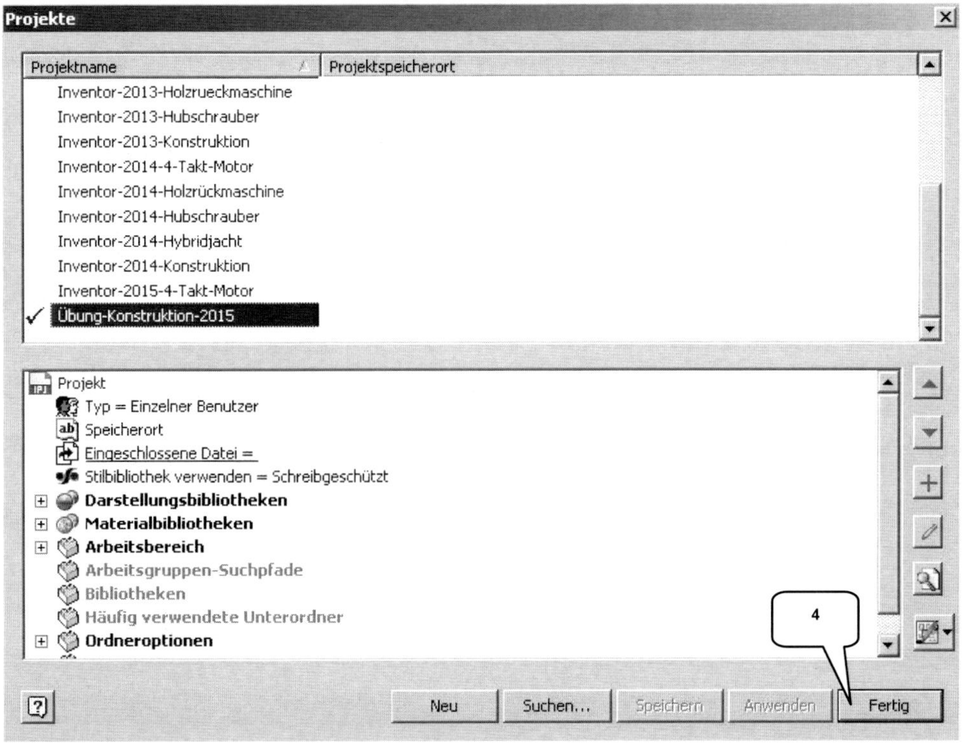

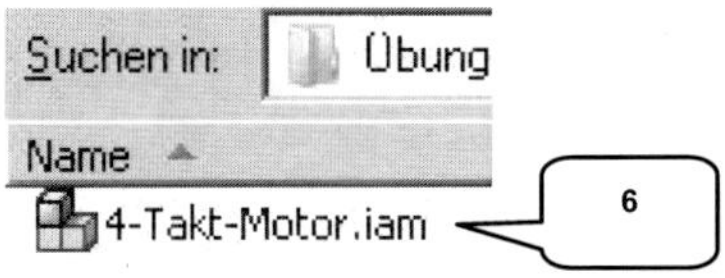

So kann vermieden werden, dass Dateien unbeabsichtigt an einem falschen Speicherort gesichert und damit einem anderen Projekt zugeordnet werden. ***Fertig*** (4) beendet den Befehl. ***Öffnen*** (5) Sie jetzt die vorhandene Baugruppe ***4-Takt-Motor.iam*** (6).

3 Komplettierung des Kurbeltriebes

3.1 Theoretische Grundlagen zum Zahnriemenantrieb

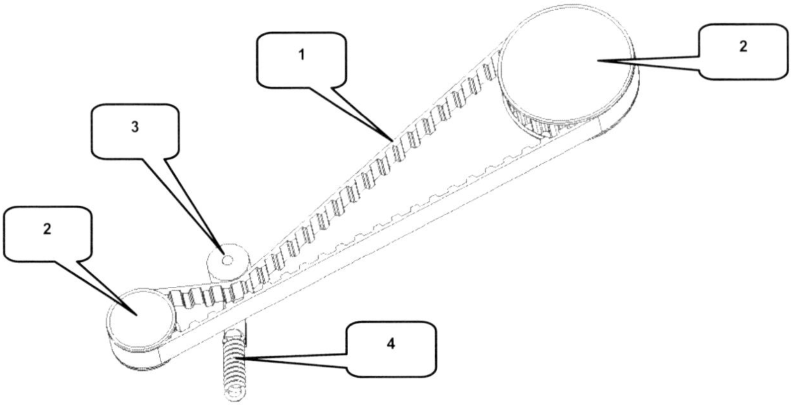

Die Nockenwelle des Motors soll durch die Drehbewegung der Kurbelwelle angetrieben werden. Diese Verbindung kann durch Zahnriemen-, Ketten- oder Zahnradantriebe realisiert werden. Häufig werden Zahnriemenantriebe verwendet. Diese sind, bedingt durch ihren Aufbau (Kunststoffgewebe mit innenliegenden Zugdrähten aus Metall), geräuscharm während des Betriebes und kostengünstig in ihrer Herstellung. Der Zahnriemen (1) wird über Zahnräder geführt (2). Um ihn konstant auf Spannung zu halten, wird er mit einer zusätzlichen Spannrolle (3) bestückt, welche von einer Zugfeder (4) gespannt wird. Zahnriemen müssen nicht gewartet werden, unterliegen allerdings regelmäßigen Austausch-Intervallen.

3.2 Konstruktion eines Zahnriemenantriebes

3.2.1 Befehlsgrundlagen ZAHNRIEMEN-GENERATOR

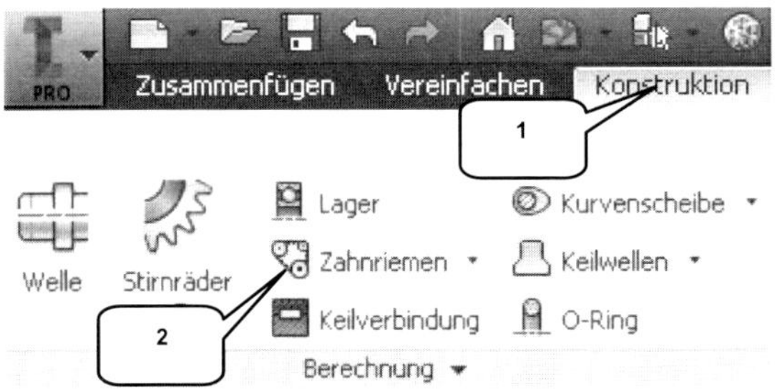

Aktivieren Sie das Register ***Konstruktion*** (1). Mit dem ***Zahnriemen-Generator*** (2) können Zahnriemenantriebe (bestehend aus Zahnriemen, Riemenscheiben und Spannrollen) berechnet und konstruiert werden.

Im Inhaltscenter finden Sie eine Auswahl an Zahnriemen, welche entsprechend der zugehörigen Norm bearbeitet werden können. Der Zahnriemenantrieb kann auf bereits vorhandene geometrische Elemente bezogen werden, die Darstellung kann als Skizze, Volumenkörper oder auch detailliert erfolgen.

3.2.1.1 Register KONSTRUKTION

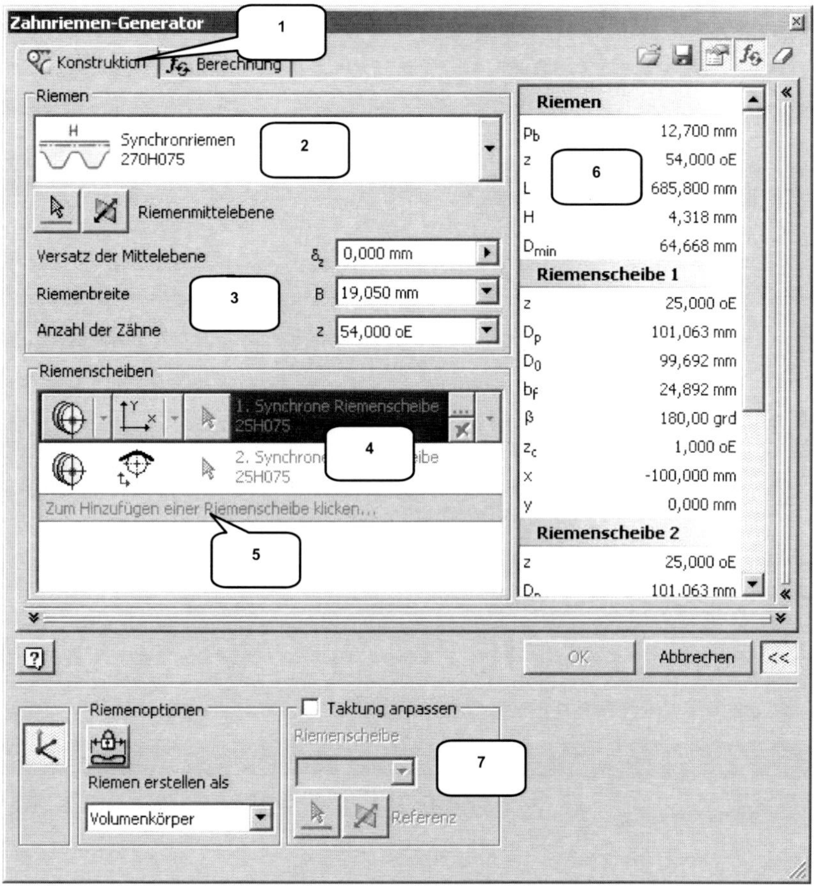

INHALT

Das Register ***Konstruktion*** ermöglicht die Auswahl eines vordefinierten Zahnriemens aus dem Inhaltscenter, welcher anschließend bearbeitet werden kann. Riemenscheiben und Spannrollen können hinzugefügt oder bearbeitet werden, die Zusammenstellung kann anschließend als Vorlage exportiert, bzw. eine vorhandene Vorlage importiert werden.

OPTIONEN

1) Register: Konstruktion/ Berechnung
2) Riementyp auswählen
3) Riemenmittelebene, Versatz der Mittelebene, Riemenbreite und Anzahl der Zähne
4) Riemenscheiben/ Spannrollen bearbeiten
5) Riemenscheiben/ Spannrollen hinzufügen
6) Berechnungsergebnisse
7) Riementrieb als Skizze, Volumenkörper oder detailliert darstellen

3.2.1.2 Register BERECHNUNG

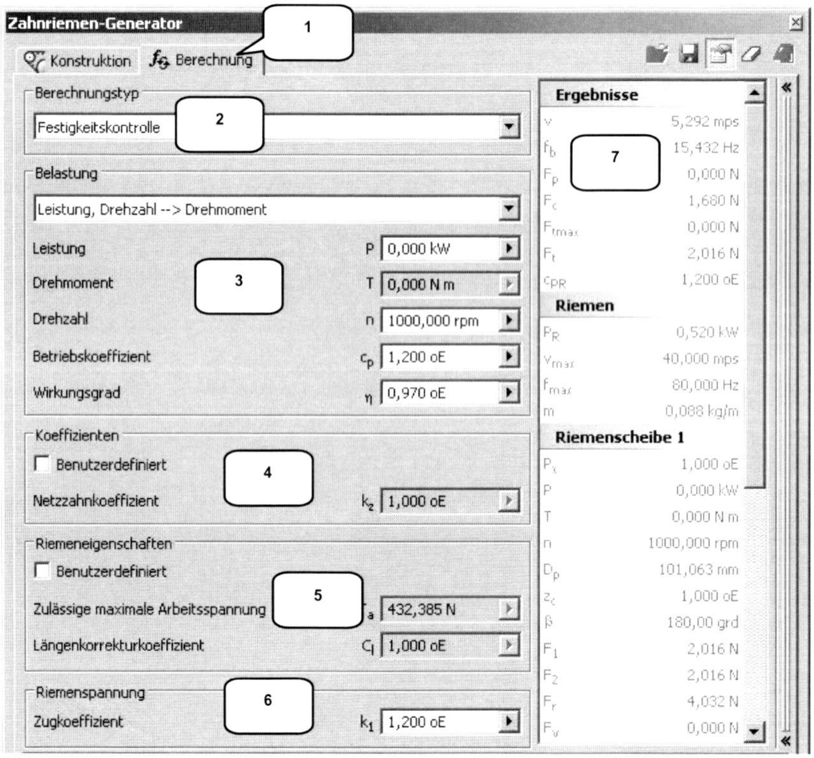

INHALT

Das Register ***Berechnung*** ermöglicht die Auswahl von Berechnungstyp, Belastung, Koeffizienten, Riemeneigenschaften und Riemenspannung.

1) Register: Konstruktion/ Berechnung
2) Berechnungstyp
3) Belastung
4) Koeffizienten
5) Riemeneigenschaften
6) Riemenspannung
7) Berechnungsergebnisse

3.2.2 Zahnriemenantrieb zwischen Nocken-und Kurbelwelle erzeugen

Starten Sie in der Befehlsgruppe ***Berechnung*** den Befehl ***Zahnriemen***.

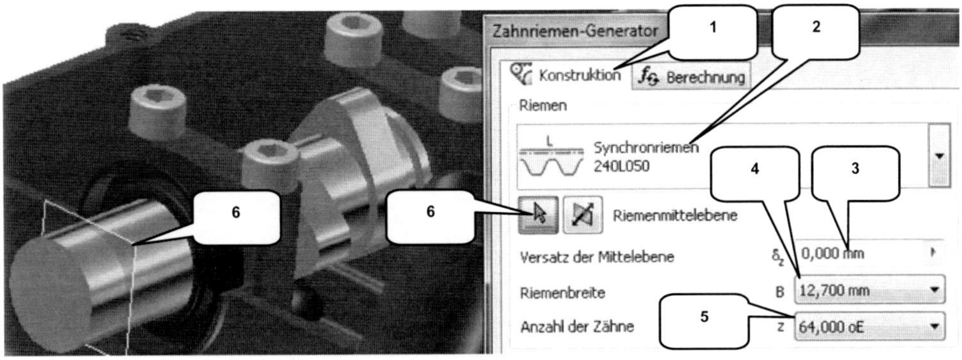

Ändern Sie im Register ***Konstruktion*** (1) die Form des Riemens auf ***Synchronriemen L*** (hierfür bitte auf das ***Riemensymbol*** (2) klicken), wählen Sie einen Versatz von ***0 mm*** (3) eine Riemenbreite von ***12,7 mm*** (4) und ***64*** Zähne (5). Der Zahnriemen-Generator bietet die Möglichkeit, Riemen und Riemenscheiben auf bereits vorhandene geometrische Elemente der Baugruppe zu platzieren. Hierfür sind Nockenwelle und Kurbelwelle zu verwenden. Vorab muss der Riemenkonstruktion allerdings eine ***Referenzebene*** zugewiesen werden. Wählen Sie hierfür die Ebene (6), welche sich auf der Nockenwelle befindet.

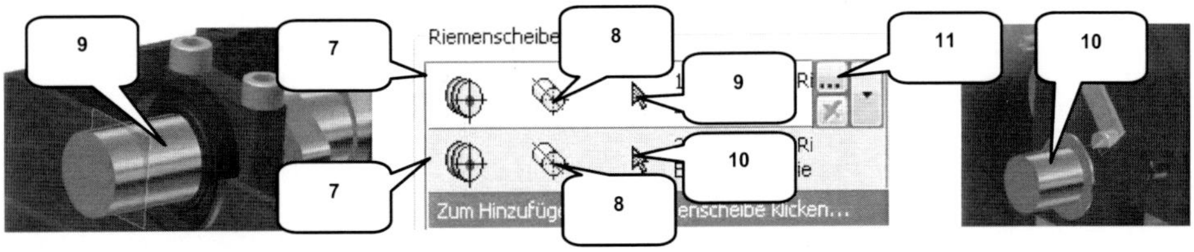

Nach der Definition der Mittelebene können die Riemenscheiben ihren Referenzen zugewiesen werden. Im Auswahlfeld ***Riemenscheiben*** sollten bereits zwei Riemenscheiben voreingestellt sein. Achten Sie darauf, dass in beiden Zeilen die Optionen Komponente ***Komponente*** (7) und Feste Position ***Feste Position über ausgewählte Geometrie*** (8) eingestellt sind.

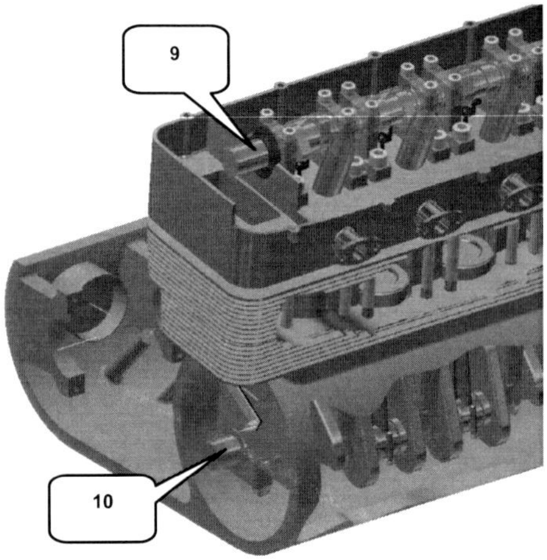

Weisen Sie der ersten Riemenscheibe die Zylinderfläche der Nockenwelle (9) und der zweiten Riemenscheibe die Zylinderfläche der Kurbelwelle (10) zu.

HINWEIS: Sollte es Probleme dabei geben die Referenzen der Riemenscheiben auszuwählen (der ***Pfeil*** bleibt grau hinterlegt und lässt sich nicht aktivieren), aktivieren Sie zuerst die Option ***Vorhanden***, wählen dann die Referenzen und aktivieren dann wieder die Option ***Komponente***.

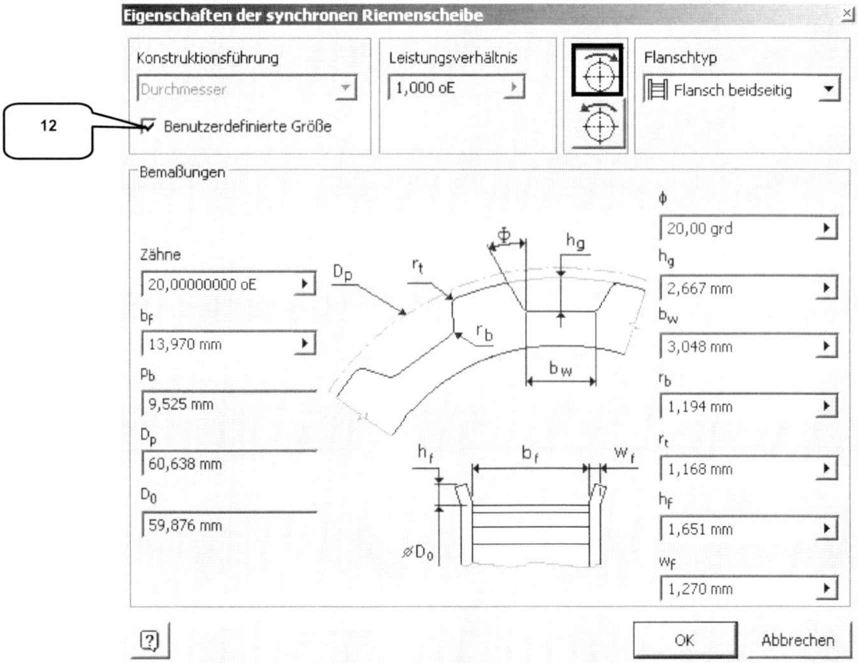

Klicken Sie auf die Zeile des ersten Riemenrades und öffnen Sie die ***Eigenschaften*** (11). Aktivieren Sie die ***Benutzerdefinierte Größe*** (12) und übernehmen Sie die Einstellungen und Werte der oberen Abbildung. Beenden Sie den Befehl danach mit ***OK***.

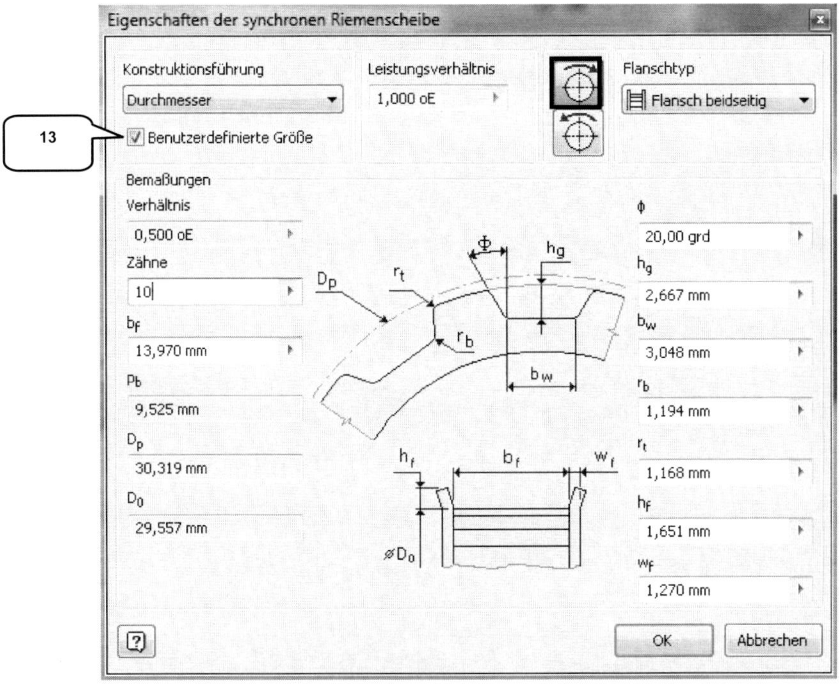

Im Anschluss daran sind die ***Eigenschaften*** der zweiten Riemenscheibe zu bearbeiten. Aktivieren Sie die ***Benutzerdefinierte Größe*** (13) und übernehmen Sie auch hier alle in der oberen Abbildung dargestellten Einstellungen und Werte.

Aufgrund der Materialeigenschaften eines Zahnriemens kann sich dieser mit der Zeit längen, was im schlimmsten Fall ein Rutschen des Riemens über die Zähne des Zahnrades zur Folge haben kann. Um den Zahnriemen dauerhaft zu spannen, werden oft automatische Riemenspanner verwendet. Im folgenden Schritt soll eine Spannrolle in Form einer flachen Riemenscheibe hinzugefügt werden. Klicken Sie hierfür auf das Feld ***Zum Hinzufügen einer Riemenscheibe klicken…*** (14) und wählen Sie die ***Flache Riemenscheibe (metrisch)*** (15).

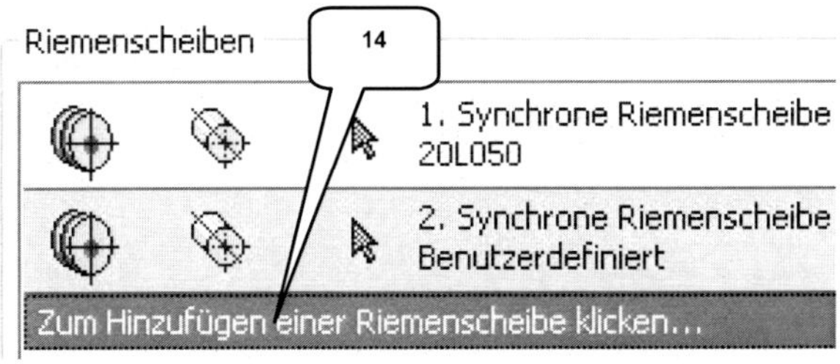

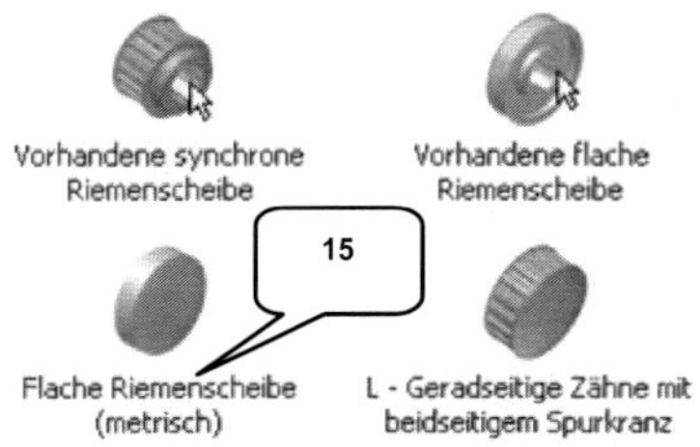

Aktivieren Sie in der neuen Zeile die Optionen Komponente ***Komponente*** (16) sowie ***Richtungsorientierte verschiebbare Position*** (17) und als ***Richtungsreferenz*** die Ebene (18) am Bauteil ***Führung-Spannrolle-Zahnriemen.ipt***.

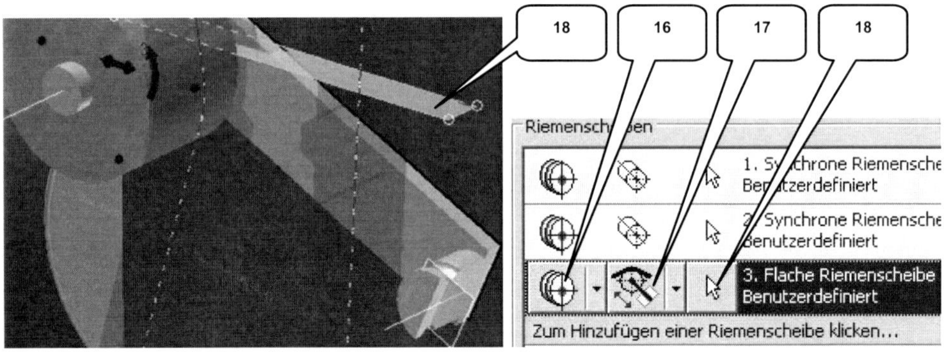

<u>HINWEIS</u>: Zahnriemenantriebe unterliegen strengen Berechnungsvorschriften. Um dem Programm zu ermöglichen, die Riemenlänge unter Beachtung aller Parameter korrekt errechnen zu können, ist es notwendig, eine der drei Riemenscheiben mit einem zusätzlichen Freiheitsgrad zu versehen.

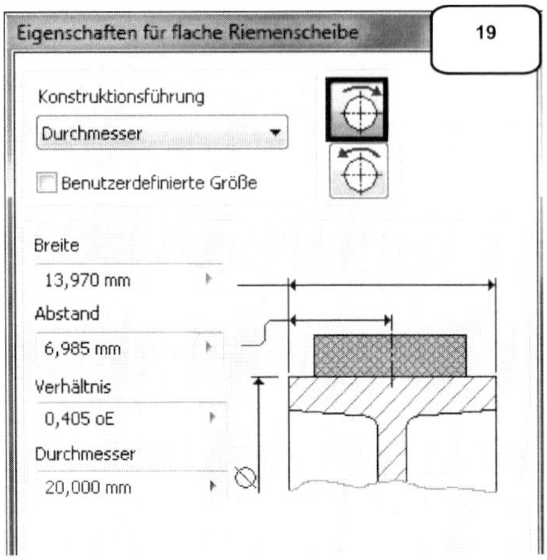

Die Option ***Richtungsorientierte verschiebbare Position*** gibt der Riemenscheibe die Möglichkeit, sich auf einer definierten Ebene frei bewegen zu können. Hierdurch kann die Position der Riemenscheibe auf der Ebene frei verschoben, die Zahnriemenlänge korrekt berechnet und der Zahnriemenantrieb fehlerfrei erzeugt werden.

Öffnen Sie die ***Eigenschaften*** der flachen Riemenscheibe und übernehmen Sie die Einstellungen der linken Abbildung (19).

Der Zahnriemen verläuft derzeit noch links neben der Spannrolle (20), was aufgrund der konstruktiven Eigenschaften des Zahnriemens (außen glatt, innen gezahnt) ein Fehler ist. Um diesen zu korrigieren, klicken Sie auf den ***gebogenen Pfeil*** (21) an der Spannrolle. Der Verlauf des Zahnriemens wird geändert und der Zahnriemen rechts neben der Spannrolle entlang geführt (22).

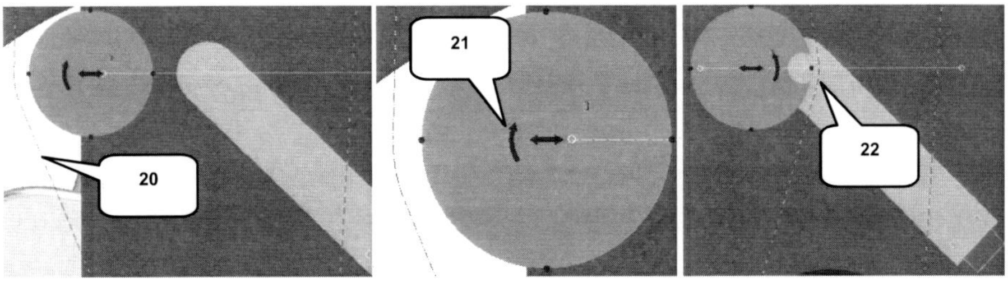

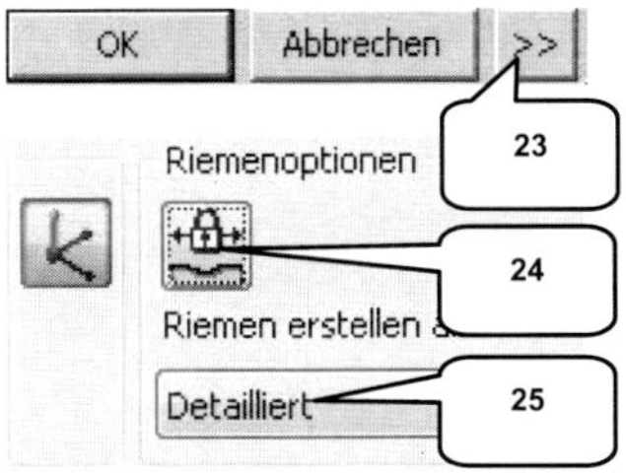

Das korrigierte Ergebnis ist in der oberen, rechten Abbildung zu sehen. Abschließend kann der Riementrieb berechnet werden. >> ***Erweitern*** (23) Sie das Befehlsfenster, deaktivieren Sie im unteren Bereich des Zahnriemen-Generators die ***Riemenlängensperre*** (24) und stellen Sie die Option ***Detailliert*** (25) ein. Wechseln Sie in das Register Berechnung ***Berechnung***, starten Sie dort den Befehl Berechnen ***Berechnen*** und bestätigen Sie die Eingaben mit OK ***OK***.

HINWEIS: Sollten nach der Berechnung Fehlermeldungen angezeigt werden, bestätigen Sie diese und berechnen den Riemen trotzdem. Leider reagiert das Programm auf kleine Abweichungen oft sehr sensibel. Die Berechnung erfolgt trotzdem.

Die Abfrage nach dem Speicherort der neuen Komponenten (Zahnriemen, Riemenräder, Spannrolle) kann durch OK ***OK*** bestätigt werden. Ein neuer Ordner ***Konstruktions-Assistent*** wird automatisch in Ihrem Projektordner erzeugt (innerhalb des Ordners ***4-Takt-Motor*** im Projektordner), worin die neuen Komponenten gesichert werden. ***Speichern*** Sie die gesamte Baugruppe und achten Sie darauf, die Option Ja für alle ***Ja für alle*** zu aktivieren.

HINWEIS: Um ein Konstruktionselement aus dem Register ***Konstruktion*** zu bearbeiten, klicken Sie mit der ***rechten Maustaste*** darauf und wählen dann die Option ***Mit Konstruktions-Assistent bearbeiten***. Um es zu löschen, muss die Option ***Konstruktions-Assistent-Komponente löschen*** verwendet werden.

3.2.3 Befehlsgrundlagen ZUGFEDER-KOMPONENTEN-GENERATOR

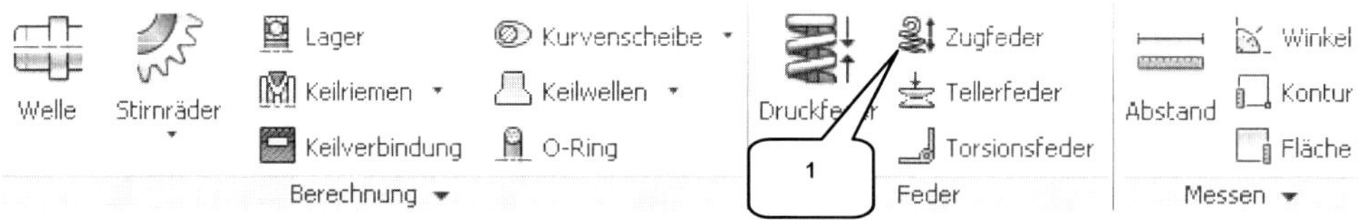

Der ***Zugfeder-Komponenten-Generator*** (1) dient zur Berechnung und Konstruktion von Zugfedern. Im Gegensatz zum vorherigen Befehl kann die Feder nicht auf bereits vorhandene geometrische Elemente der Baugruppe bezogen werden, sondern muss manuell mit Abhängigkeiten versehen werden.

3.2.3.1 Register KONSTRUKTION

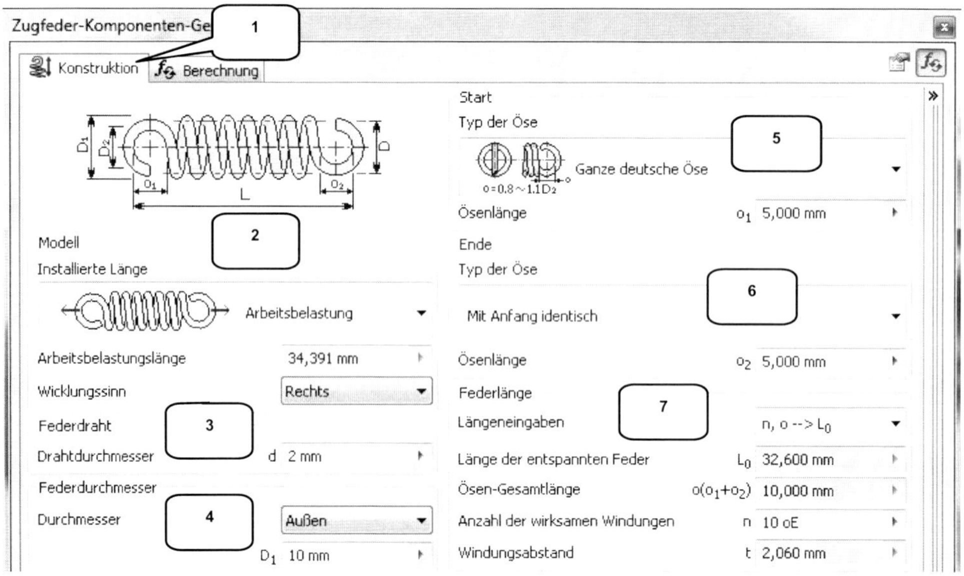

INHALT

Im Register ***Konstruktion*** können Darstellung der Feder, Drahtdurchmesser, Ösentyp und Federlänge definiert werden.

OPTIONEN

1) Register: Konstruktion/ Berechnung
2) Darzustellende Belastung
3) Durchmesser Federdraht
4) Durchmesser Feder
5) Typ der ersten Öse
6) Typ der zweiten Öse
7) Federlänge

3.2.3.2 Register BERECHNUNG

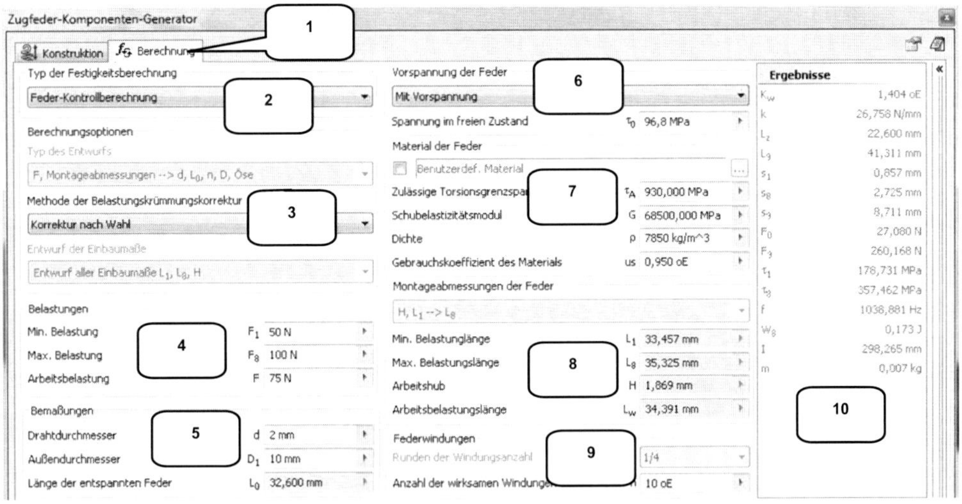

INHALT

Im Register ***Berechnung*** werden der Typ der Festigkeitsberechnung definiert (Zugfederentwurf, Feder-Kontrollberechnung, Berechnung der Arbeitskräfte), sowie Belastungen, Bemaßungen, Vorspannungen, Material, Windungen und Montageabmessungen der Feder festgelegt.

OPTIONEN

1) Register: Konstruktion/ Berechnung
2) Typ der Festigkeitsberechnung
3) Berechnungsoptionen
4) Belastungen
5) Bemaßungen
6) Vorspannung der Feder
7) Federmaterial
8) Montageabmessungen der Feder
9) Federwindungen
10) Berechnungsergebnisse

3.2.4 Spannrolle des Zahnriemens mit einer Zugfeder beaufschlagen

Der Zahnriemen in unserem Übungsbeispiel wird durch eine flache Spannrolle gespannt, um ein Springen des Zahnriemens über die Zähne der Zahnräder zu verhindern. Diese Spannrolle muss zusätzlich mit einer Zugfeder versehen werden, um Sie mit einer konstanten Zugkraft gegen den Riemen zu pressen.

Starten Sie den ***Zugfeder-Komponenten-Generator*** und übernehmen Sie alle Werte und Einstellungen aus den folgenden beiden Abbildungen das Register ***Konstruktion*** (1) und ***Berechnung*** (2).

Berechnen ***Berechnen*** (3) Sie die Ergebnisse und beenden Sie den Befehl mit OK ***OK***.

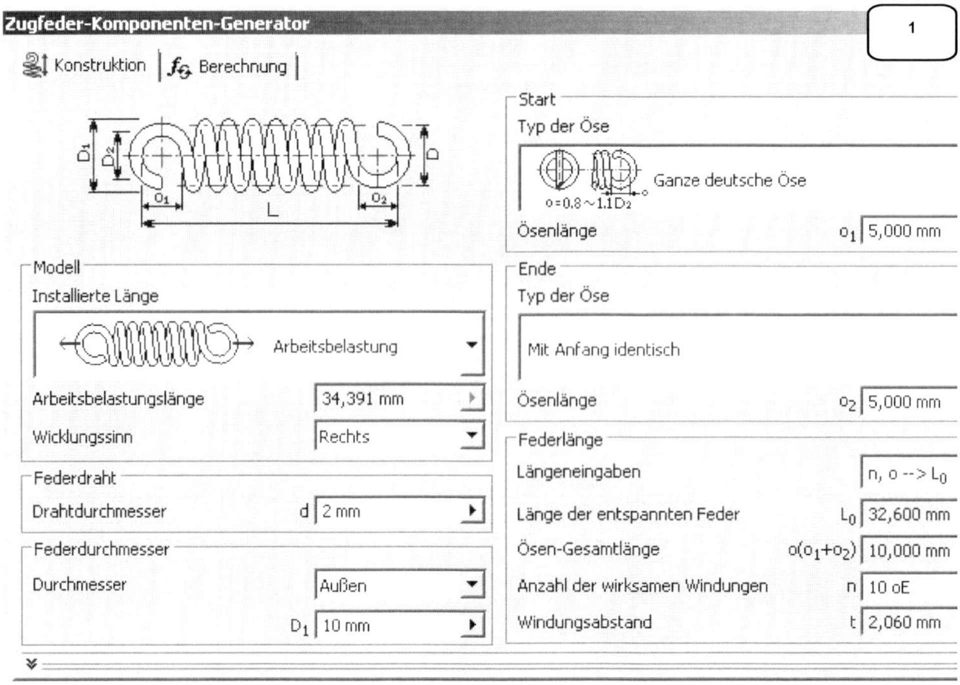

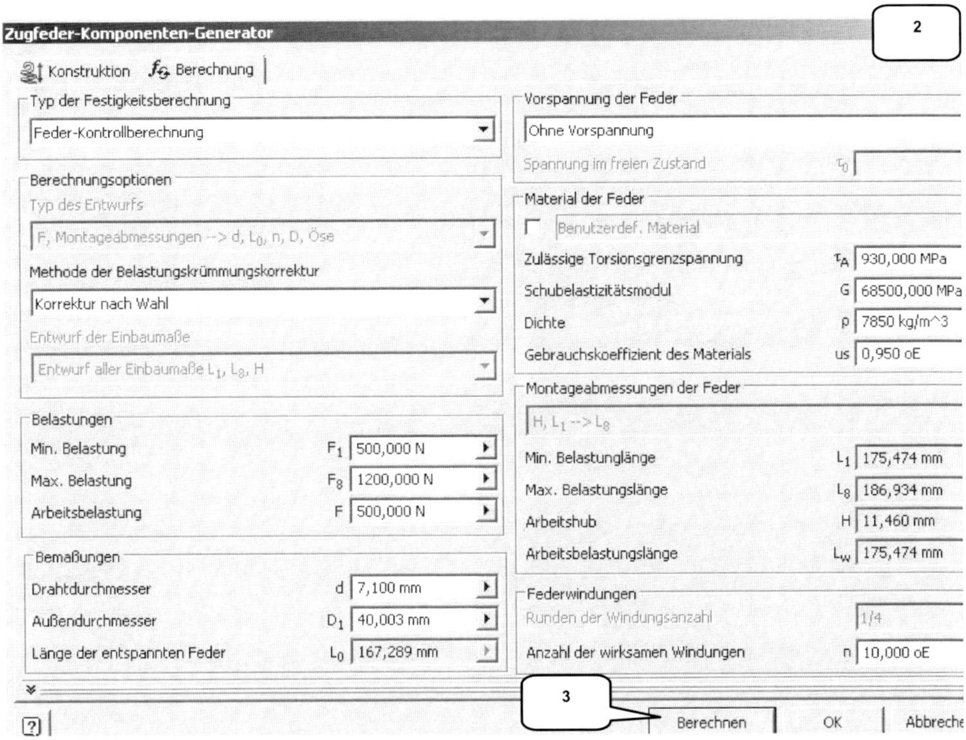

Die Feder kann jetzt frei im Zeichenbereich abgelegt werden. Verwenden Sie die folgenden drei Abhängigkeiten (Register ***Zusammenfügen***, Befehl ***Abhängig machen***), um die Feder mit Motorgehäuse und Führung-Spannrolle-Zahnriemen zu verbinden.

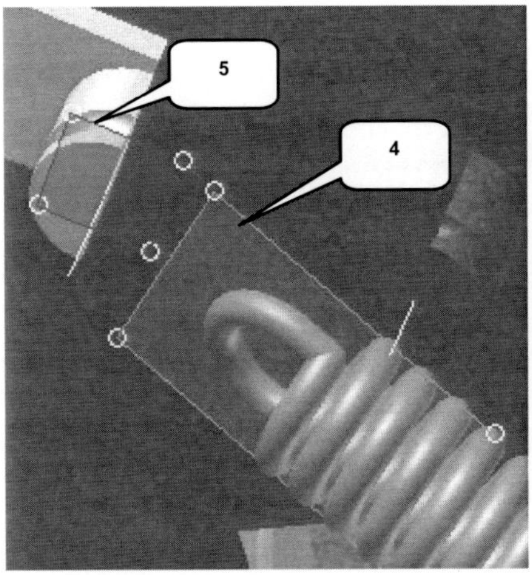

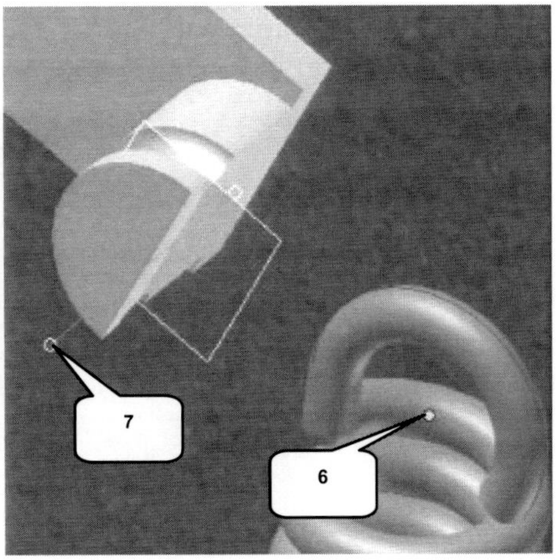

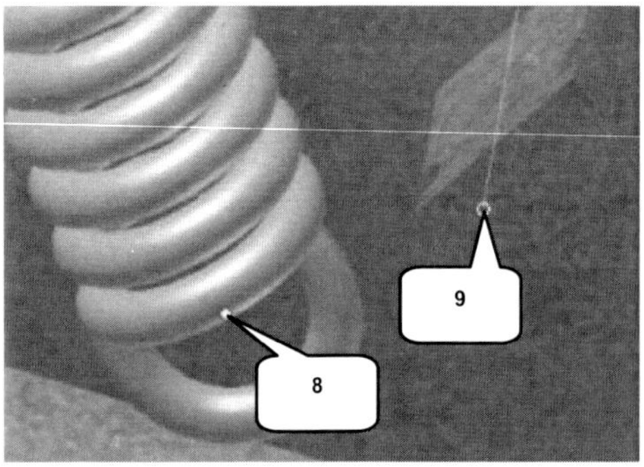

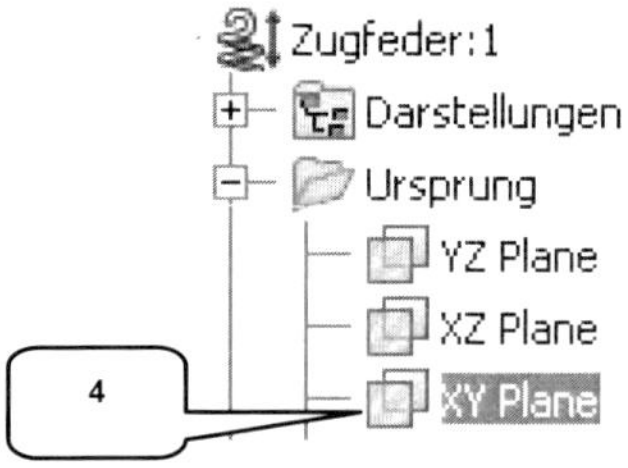

Platzieren Sie hierfür die XY-Ebene der Zugfeder (4) auf die markierte Ebene (Bauteil Führung-Spannrolle-Zahnriemen.ipt (5)). Die Mittelpunkte der Federösen (6, 8) können anschließend auf die markierten Achsen (7, 9) gelegt werden. Position (10) zeigt die gewünschte Lage und Ausrichtung der Feder.

Speichern Sie die gesamte Baugruppe. Achten Sie darauf, im Abfragefenster für alle Bauteile und Baugruppen die Option Ja für alle ***Ja für alle*** zu aktivieren.

3.3 Konstruktion einer Druckfeder

3.3.1 Erzeugen einer geschnitten dargestellten Ansicht

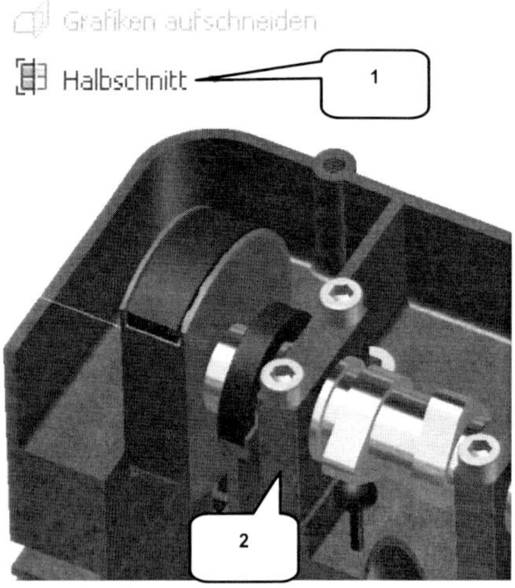

In der folgenden Übung soll zwischen den Bauteilen Ventil und Zylinderkopf eine Druckfeder konstruiert werden, welche das Ventil konstant gegen die Nockenwelle drücken wird. Zur besseren Ansicht soll die Baugruppe geschnitten dargestellt werden.

Wechseln Sie hierfür ins Register ***Ansicht***, starten Sie den Befehl ***Halbschnitt*** (1) in der Befehlsgruppe ***Darstellung*** und wählen Sie die markierte Fläche (2) des Nockenwellenhalters. Bestätigen Sie die Auswahl mit ***OK*** und kehren Sie ins Register ***Konstruktion*** zurück.

3.3.2 Befehlsgrundlagen DRUCKFEDER-GENERATOR

Der ***Druckfeder-Generator*** (1) berechnet und konstruiert Druckfedern. Im Gegensatz zum Zugfeder-Komponenten-Generator kann die Druckfeder bereits während des Befehls auf vorhandene geometrische Elemente der Baugruppe platziert werden. Eine nachträgliche, manuelle Platzierung ist daher nicht notwendig.

3.3.2.1 Register KONSTRUKTION

INHALT

Das Register ***Konstruktion*** bietet eine Platzierung der Druckfeder, die Auswahl der installierten Länge und die Definition der geometrischen Federeigenschaften (Federanfang, Federende, Federlänge und Federdurchmesser) an.

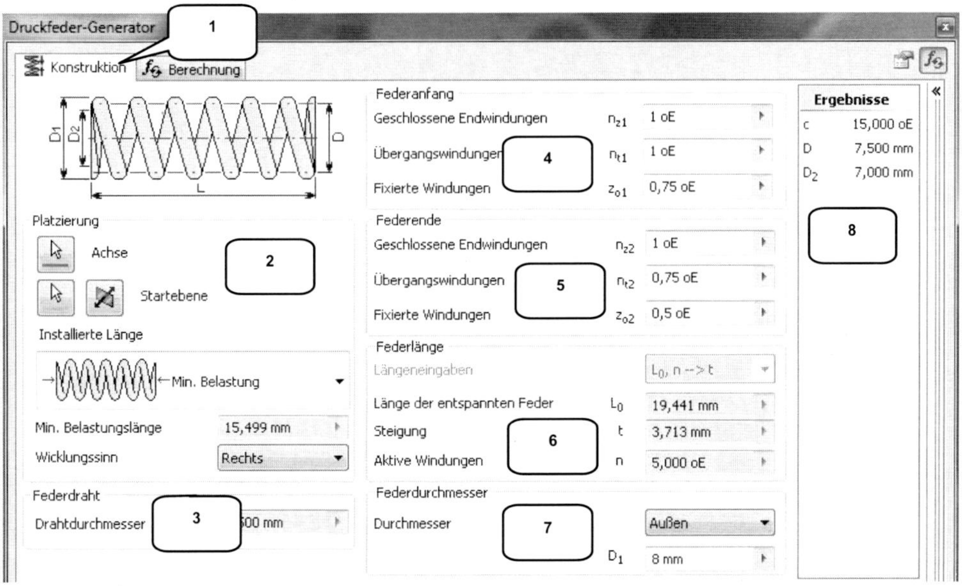

OPTIONEN

1) Register: Konstruktion/ Berechnung
2) Platzierung (Achse, Ebene), Federbelastung
3) Federdrahtdurchmesser
4) Federanfang
5) Federende
6) Federlänge
7) Federdurchmesser
8) Berechnungsergebnisse

3.3.2.2 Register BERECHNUNG

INHALT

Im Register ***Berechnung*** werden Berechnungstyp, Berechnungsoptionen, Federmaterial und Federbelastung festgelegt.

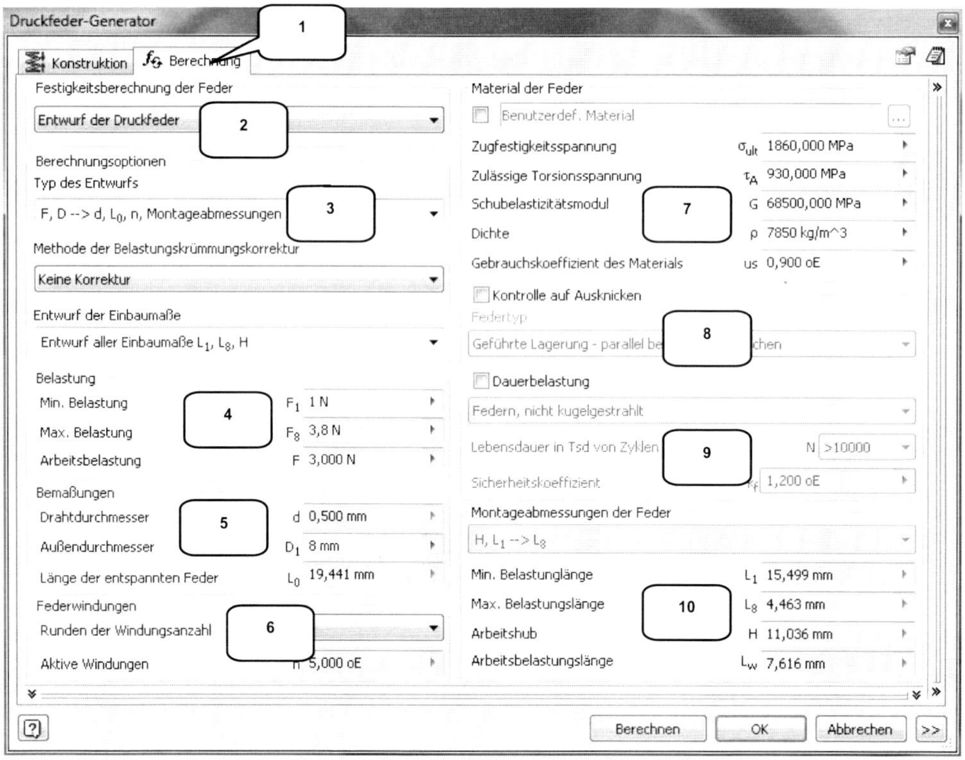

OPTIONEN

1) Register: Konstruktion/ Berechnung
2) Berechnungstyp
3) Berechnungsoptionen
4) Belastung
5) Bemaßungen
6) Windungen
7) Federmaterial
8) Kontrolle auf Ausknicken
9) Dauerbelastung
10) Montageabmessungen der Feder

3.3.3 Druckfeder zwischen Ventil und Zylinderkopf erzeugen

Starten Sie den ***Druckfeder-Generator***. Im Register ***Konstruktion*** ist als ***Achse*** die Mantelfläche des Ventils (1) zu wählen. Als ***Startebene*** soll die Oberfläche des Zylinderkopfes (2) verwendet werden. Übernehmen Sie auch die restlichen Werte und Einstellungen der beiden Register ***Konstruktion*** (3) und ***Berechnung*** (4).

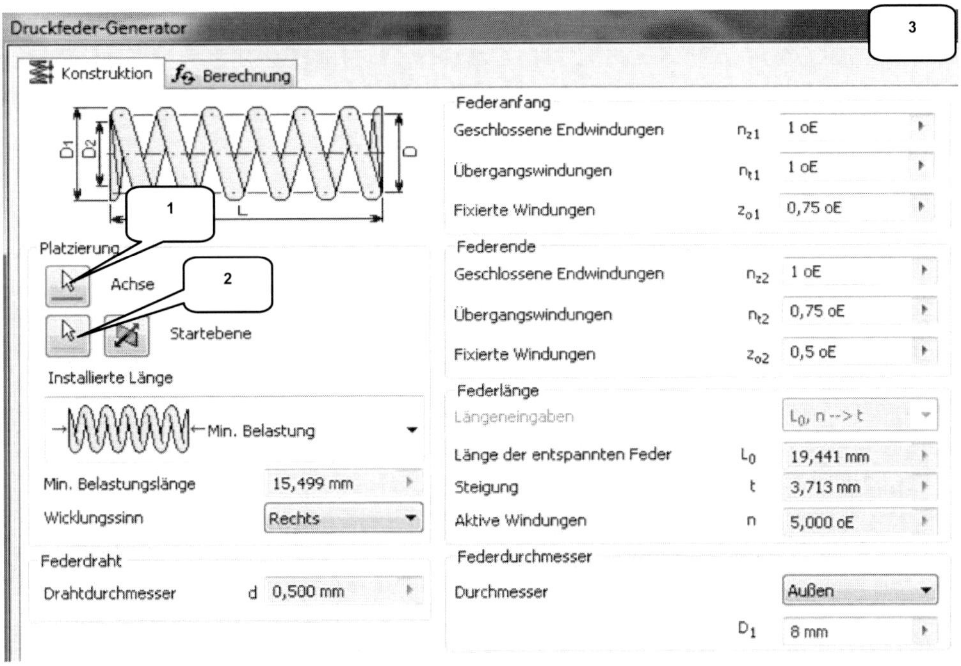

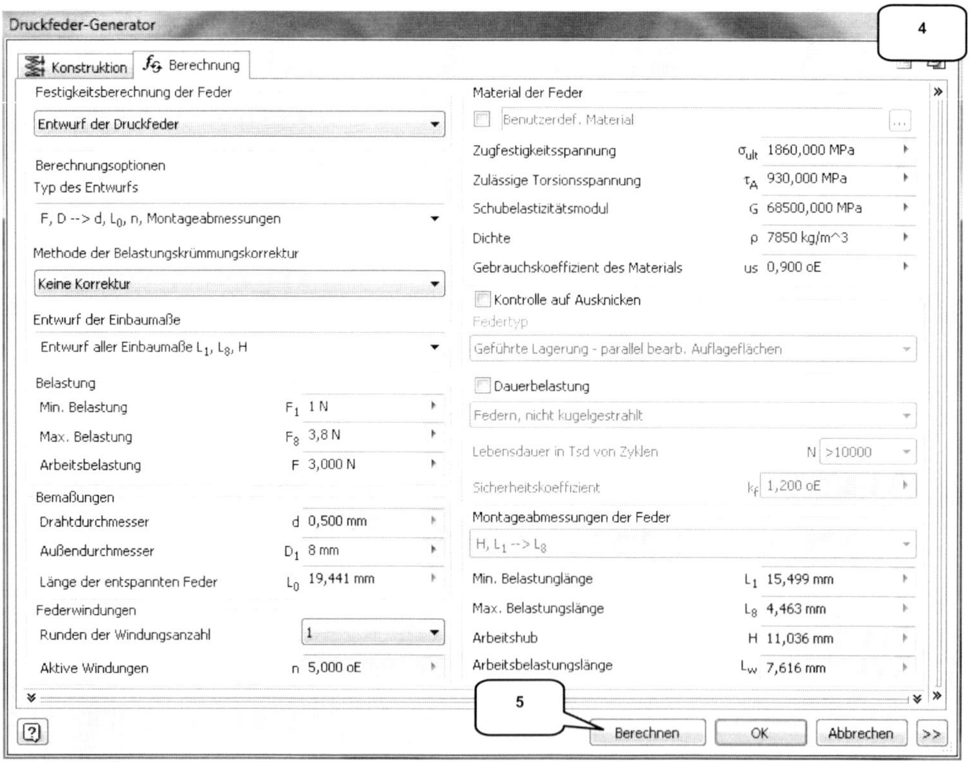

<u>HINWEIS</u>: Der Wert für die ***minimale Belastungslänge*** errechnet sich automatisch anhand der restlichen Eingaben.

Nachdem alle Werte übernommen wurden, kann die [Berechnen] ***Berechnung*** (5) gestartet und der Befehl mit [OK] ***OK*** bestätigt werden. Die Schnittansicht kann jetzt wieder [Schnitt beenden] ***beendet*** werden (Register ***Ansicht***). Wiederholen Sie diesen Schritt, bis alle 8 Ventile jeweils mit einer Feder versehen wurden.

Speichern Sie die gesamte Baugruppe. Achten Sie darauf, im Abfragefenster für alle Bauteile und Baugruppen die Option [Ja für alle] ***Ja für alle*** zu aktivieren.

4 Getriebekonstruktion

4.1 Theoretische Grundlagen zum Getriebeaufbau

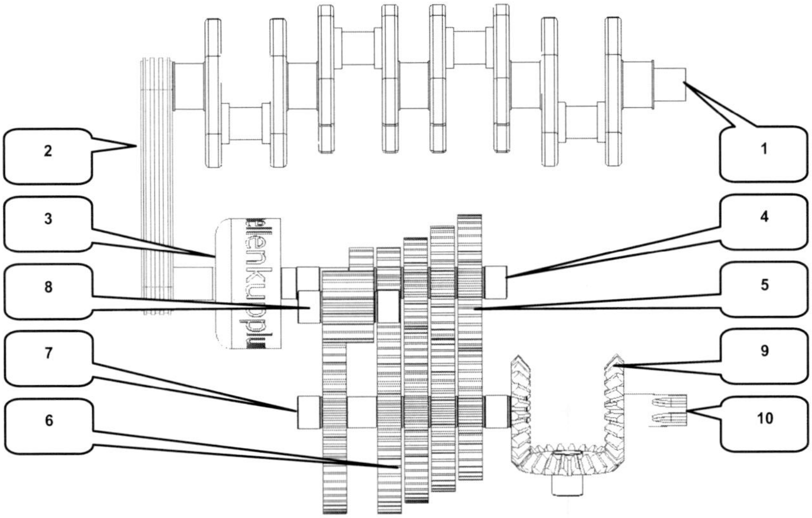

Der Kraftfluss erfolgt von der Kurbelwelle (1) über eine Rollenkette (2) zur Kupplung (3). Von hier aus wird der Kraftfluss weiter zur Antriebswelle (4) geleitet.

In unserem Übungsbeispiel verwenden wir ein Ziehkeilgetriebe, bei welchem alle Zahnradpaare ständig im Eingriff sind. Die Zahnräder (5) der Antriebswelle sind fest mit dieser verbunden, wobei die Zahnräder (6) der Abtriebswelle frei drehbar sind.

Die Abtriebswelle (7) ist innen hohl und führt einen Keil (Ziehkeil). Er wird durch eine Rollenkette bewegt, welche axial durch die Welle läuft. Je nach Position des Keils werden Zahnrad und Abtriebswelle eines Ganges miteinander verbunden.

Beim Rückwärtsgang wird der Kraftfluss zusätzlich über die Rücklaufwelle (8) auf die Abtriebswelle übertragen, wobei sich die Drehrichtung ändert.

Die Abtriebswelle leitet den Kraftfluss anschließend zum Kegelradgetriebe (9) weiter, welches am Ende mit einer Keilwellenverbindung (10) versehen ist.

4.2 Lagerung der Wellen

4.2.1 Lagerhalterungen importieren

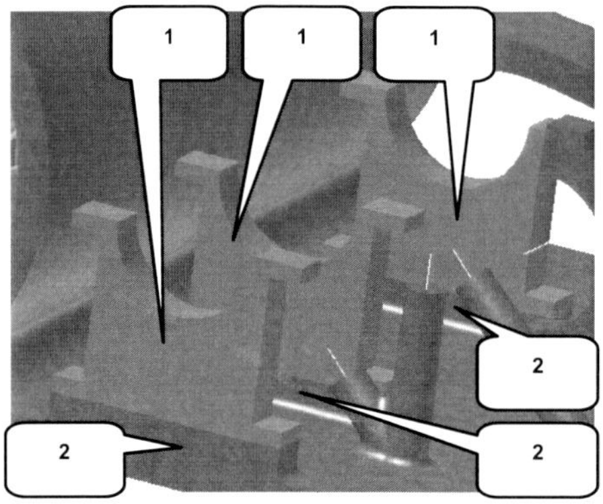

Die Konstruktion des Getriebes erfordert vorab das Einfügen weiterer Bauteile aus dem Projektordner.

Wechseln Sie ins Register ***Zusammenfügen*** und ***platzieren*** Sie das Bauteil ***Antriebswelle-Zwischenhalter.ipt*** (1) drei Mal in der Baugruppe. Positionieren Sie die neuen Komponenten danach wie in der linken Abbildung dargestellt, bündig auf den hierfür vorgesehenen Sockeln (2).

4.2.2 Befehlsgrundlagen LAGER-GENERATOR

Mit dem ***Lager-Generator*** (1) können diverse Lagerarten berechnet und konstruiert werden. Die Dimensionierung kann manuell erfolgen oder anhand vorhandener geometrischer Elemente.

4.2.2.1 Register KONSTRUKTION

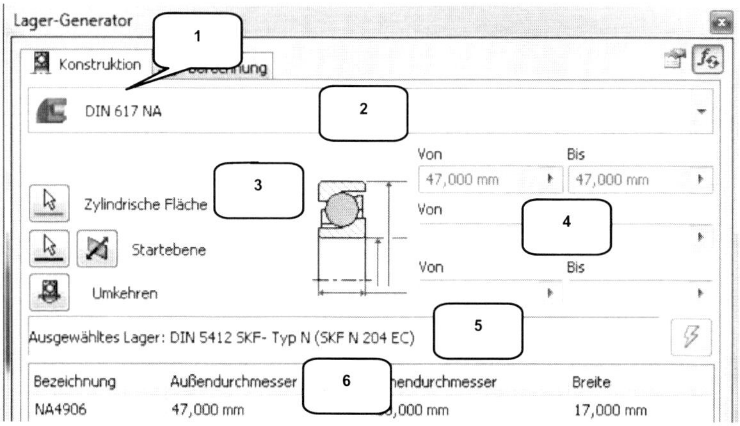

INHALT

Im Register ***Konstruktion*** werden Typ, Größe und Position des Lagers definiert.

OPTIONEN

1) Register: Konstruktion/ Berechnung
2) Lagertyp
3) Platzierung
4) Abmessungen
5) Lager regenerieren
6) Verfügbare Lagergrößen

4.2.2.2 Register BERECHNUNG

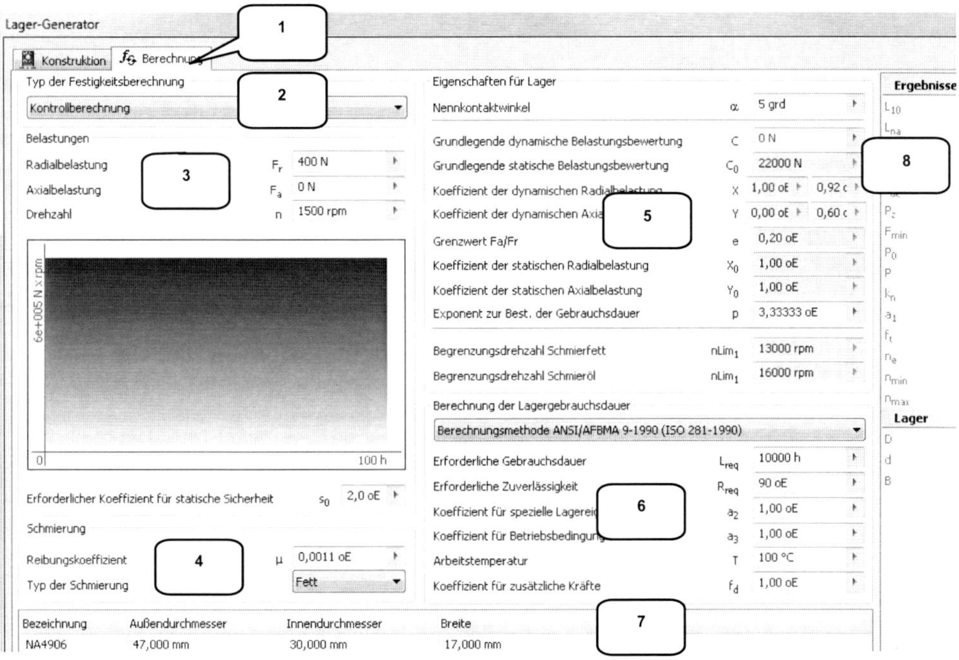

INHALT

Im Register ***Berechnung*** können Randbedingungen zu Berechnungstyp, Belastung, Schmierung und Gebrauchsdauer festgelegt werden.

OPTIONEN

1) Register: Konstruktion/ Berechnung
2) Typ der Festigkeitsberechnung
3) Belastungen
4) Schmierung
5) Eigenschaften des Lagers
6) Gebrauchsdauer
7) Verfügbare Lagergrößen
8) Berechnungsergebnisse

4.2.3 Erzeugen eines Zylinderollenlagers

Die zuletzt eingefügten drei Bauteile ***Antriebswelle-Zwischenhalter.ipt*** enthalten jeweils eine runde Aussparung, worin die Zylinderrollenlager platziert werden müssen. Starten Sie den ***Lager-Generator***.

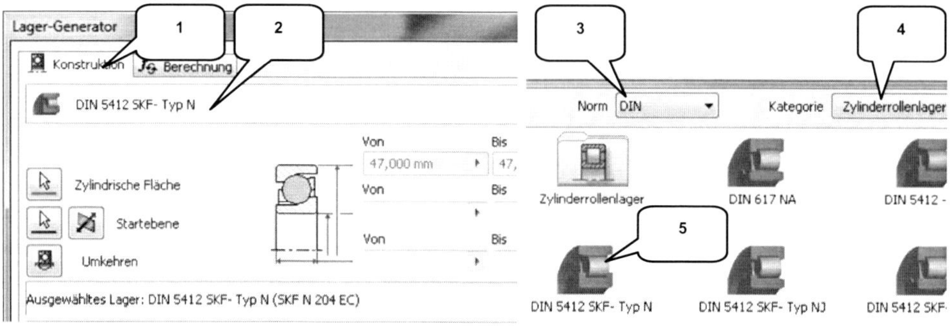

Klicken Sie im Register ***Konstruktion*** (1) auf den Auswahlbereich für den Lagertyp (2). Im neu geöffneten Auswahlfenster aktivieren Sie die Norm ***DIN*** (3), die Kategorie ***Zylinderrollenlager*** (4) und wählen den Typ ***DIN 5412 SKF – TYP N*** (5). Zurück im Hauptbefehl muss als ***Referenz*** für die ***zylindrische Fläche*** die markierte Zylinderfläche der Aussparung (6) und als ***Startebene*** die markierte Stirnfläche des selben Führungselements (7) gewählt werden. In der Tabelle im unteren Bereich des Befehlsfensters ist das Lager der zweiten Zeile (8) (N 204 EC, $D_{Außen}$: 47 mm, D_{Innen}: 20 mm, Breite: 14 mm) zu aktivieren. Der Lager-Generator kann im Anschluss mit ***OK*** bestätigt werden.

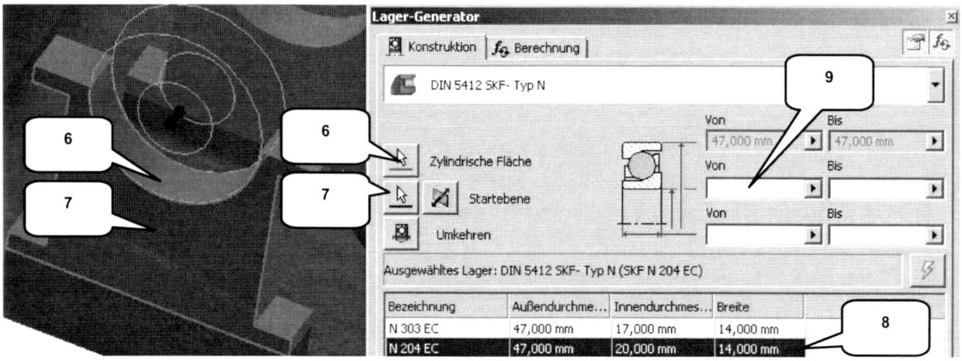

<u>***HINWEIS***</u>: Das Lager ***N 204 EC*** kann nur ausgewählt werden, wenn <u>keine</u> abweichenden Randbedingungen für die Durchmesser ($D_{Außen}$, D_{Innen}) definiert wurden (9).

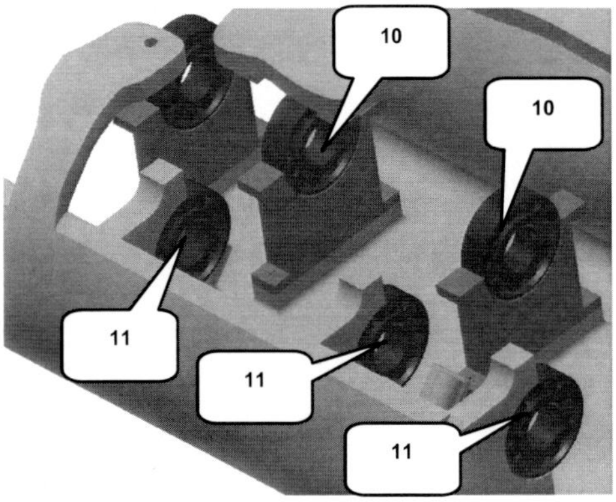

Sobald das erste Lager generiert wurde, ist der zuletzt verwendete Befehl **_Lager_** fünf weitere Male mit identischen Einstellungen zu wiederholen. Verwenden Sie die Aussparungen der restlichen beiden Zwischenhalter (10) und die drei Aussparungen im Getrieberaum des Motorgehäuses (11). Achten Sie darauf, dass die Lager stets in die korrekte Richtung erzeugt werden und nicht außerhalb der Lagerung. Die nebenstehende Abbildung zeigt die insgesamt sechs angeordneten Lager.

4.2.4 Modellbaum strukturieren

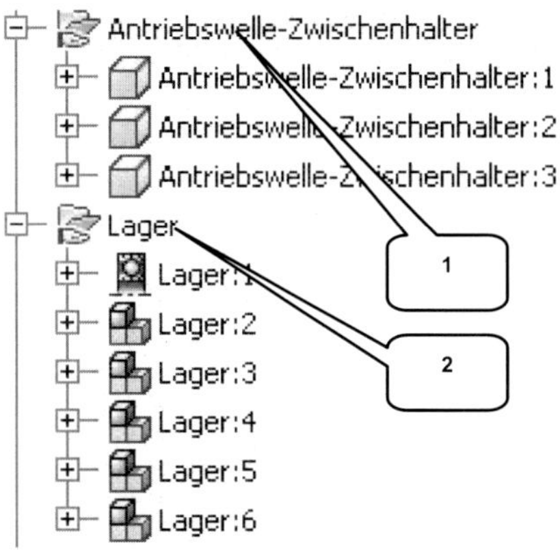

Zur besseren Strukturierung des Modellbaumes, sollten die zuletzt eingefügten bzw. konstruierten Bauteile zusammengefasst werden.

Markieren Sie im Modellbaum die drei Zwischenhalter der Antriebswelle, wählen Sie dann mit der **_rechten Maustaste_** darauf die Option **_Zu neuem Ordner hinzufügen_** und verwenden Sie die Bezeichnung **_Antriebswelle-Zwischenhalter_** (1).

Wiederholen Sie diesen Schritt bei den sechs Zylinderrollenlagern und verwenden Sie die Ordner-Bezeichnung **_Lager_** (2). Markieren Sie die Lager anschließend und weisen Sie ihnen die Farbüberschreibung **_Blau-Wandfarbe-glänzend_** zu (3).

4.2.5 Importieren der oberen Lagerhalterungen

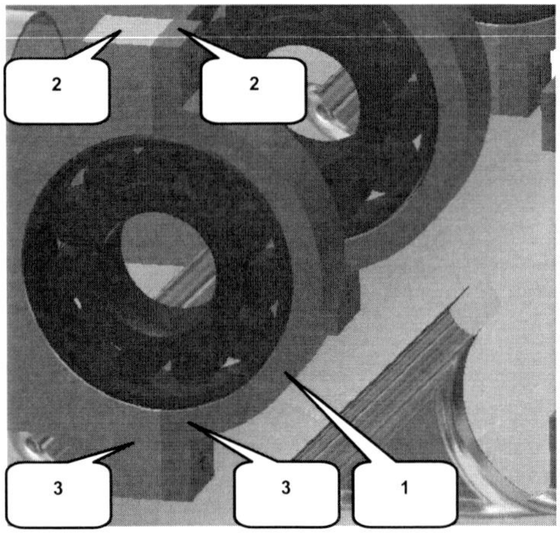

Platzieren Sie das Bauteil **_Antriebs-Abtriebswelle-Halter.ipt_** (1) aus dem Projektordner und legen Sie es einmal frei in der Baugruppe ab. Setzen Sie zwei fluchtende **_Abhängigkeiten_** (2, 3), um den Halter mit dem Motorgehäuse an der dargestellten Position passend zu verbinden, und das Zylinderrollenlager somit zu fixieren.

Fügen Sie fünf weitere Halter in die Baugruppe ein, um auch die restlichen fünf Zylinderrollenlager zu fixieren.

4.2.6 Modellbaum strukturieren

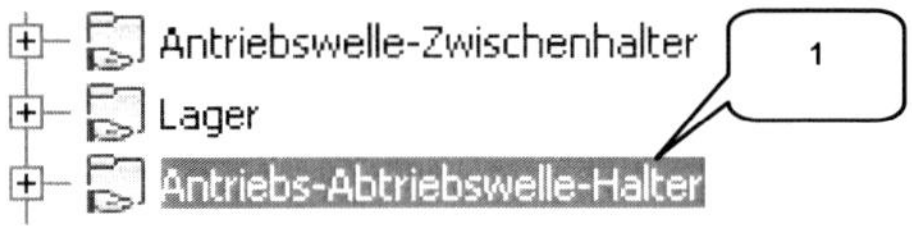

Markieren Sie im Modellbaum die sechs zuletzt eingefügten Halter und erzeugen Sie daraus den Ordner **_Antriebs-Abtriebswelle-Halter_** (1).

4.3 Befestigung der Lagerhalterungen

Die Lagerhalterungen sollen durch Schraubenverbindungen am Motorgehäuse bzw. am Zwischenhalter der Antriebswelle befestigt werden. Das Programm bietet hier die Möglichkeit, Gewindebohrungen und Verbindungskomponenten aus dem Inhaltscenter (Schrauben, Scheiben, Muttern) in einem einzigen Schritt zu erzeugen.

4.3.1 Befehlsgrundlagen SCHRAUBENVERBINDUNGS-GENERATOR

Mit dem **_Schraubenverbindungs-Generator_** (1) können Schraubenverbindungen, bestehend aus Schraube, Scheibe und Mutter, erzeugt sowie Festigkeits-, Belastungs- und Ermüdungsberechnungen durchgeführt werden. Nach Auswahl des Schraubentyps und der gewünschten Größe, werden die benötigten Bohrungen/ Gewindebohrungen automatisch berechnet und in die betreffenden Bauteile integriert.

4.3.1.1 Register KONSTRUKTION

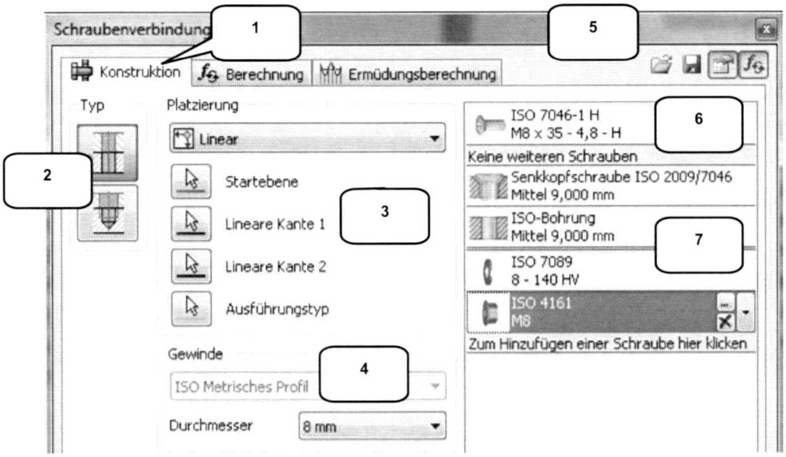

INHALT

Der Register ***Konstruktion*** dient zur Positionierung des Verbindungselements, zur Definition von Bohrungsart und Gewindetyp sowie zur Auswahl der zu montierenden Schrauben, Scheiben und Muttern.

OPTIONEN

1) Register: Konstruktion/ Berechnung/ Ermüdungsberechnung
2) Bohrungen durchgängig oder begrenzt erzeugen
3) Platzierungstyp (Linear, Konzentrisch, Auf Punkt, Nach Bohrung)
4) Gewindetyp
5) Einstellungen importieren/ exportieren, Berechnung, Dateibenennung
6) Komponenten einfügen
7) Vorschau in chronologischer Reihenfolge

4.3.1.2 Register BERECHNUNG

INHALT

Mit dem Register ***Berechnung*** können die gewählten Verbindungselemente überprüft werden. Sie können verschiedene Belastungen wählen, Materialien ändern und verschiedene Berechnungstypen aktivieren.

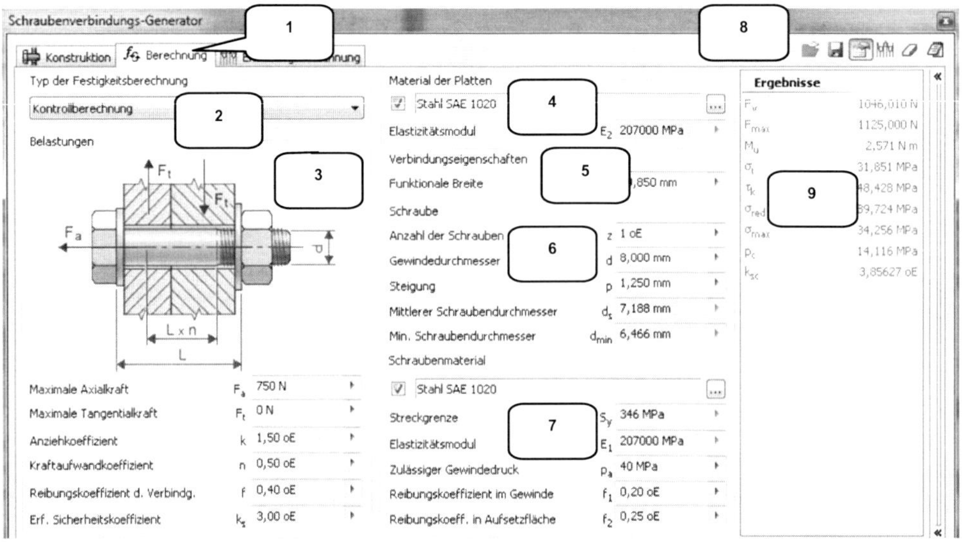

OPTIONEN

1) Register: Konstruktion/ Berechnung/ Ermüdungsberechnung
2) Typ der Festigkeitsberechnung
3) Belastungen
4) Plattenmaterial
5) Verbindungseigenschaften
6) Schraubeneigenschaften
7) Schraubenmaterial
8) Ermüdungsberechnung, Berechnung, Ergebnisdarstellung als *.html
9) Ergebnisdarstellung

HINWEIS: Um das Register ***Berechnung*** öffnen zu können, muss vorab im Register ***Konstruktion*** die gleichnamige Option ***Berechnung*** aktiviert werden.

4.3.1.3 Register ERMÜDUNGSBERECHNUNG

INHALT

Mit dem Register ***Ermüdungsprüfung*** können Belastungsschwankungen unter Verwendung verschiedener Methoden berechnet werden.

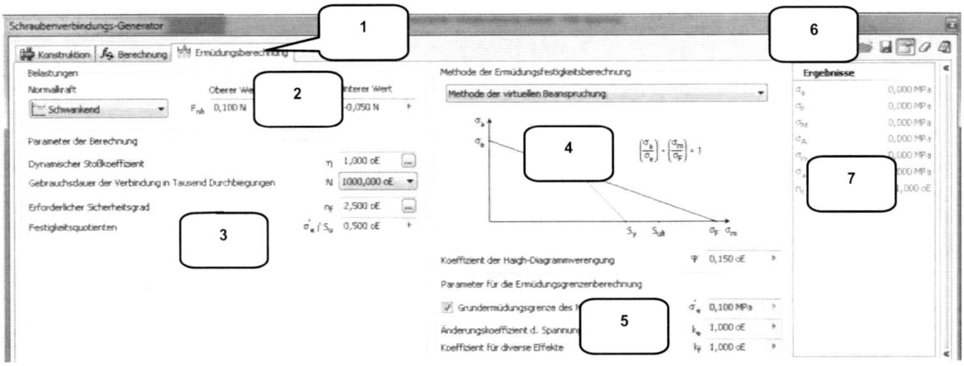

OPTIONEN

1) Register: Konstruktion/ Berechnung/ Ermüdungsberechnung
2) Belastungsart (schwankend, wiederkehrend, asymmetrisch, symmetrisch umgekehrt)
3) Berechnungsparameter
4) Ermüdungsfestigkeitsberechnung
5) Parameter für die Ermüdungsgrenzen
6) Berechnungsvorlagen exportieren, Dateibenennung aktivieren/ deaktivieren, Berechnungsdaten zurücksetzen oder Ergebnisse als *.html darstellen
7) Ergebnisdarstellung

HINWEIS: Um das Register ***Ermüdungsberechnung*** öffnen zu können, muss vorab im Register ***Konstruktion*** die gleichnamige Option ***Ermüdungsberechnung*** aktiviert werden.

4.3.2 Lagerhalterungen der Antriebswelle miteinander verbinden

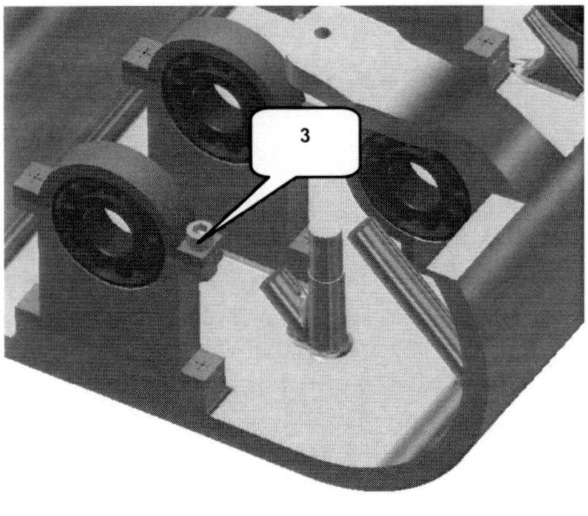

In der folgenden Übung sollen die Bauteile ***Antriebswelle-Zwischenhalter.ipt*** und ***Antriebs-Abtriebswelle-Halter.ipt*** durch Schraubenverbindungen (Schrauben und Muttern) miteinander verbunden werden.

Starten Sie den ***Schraubenverbindungs-Generator***, wählen Sie den Konstruktionstyp ***Durch alle*** (1) und die Platzierung Linear ***Linear*** (2).

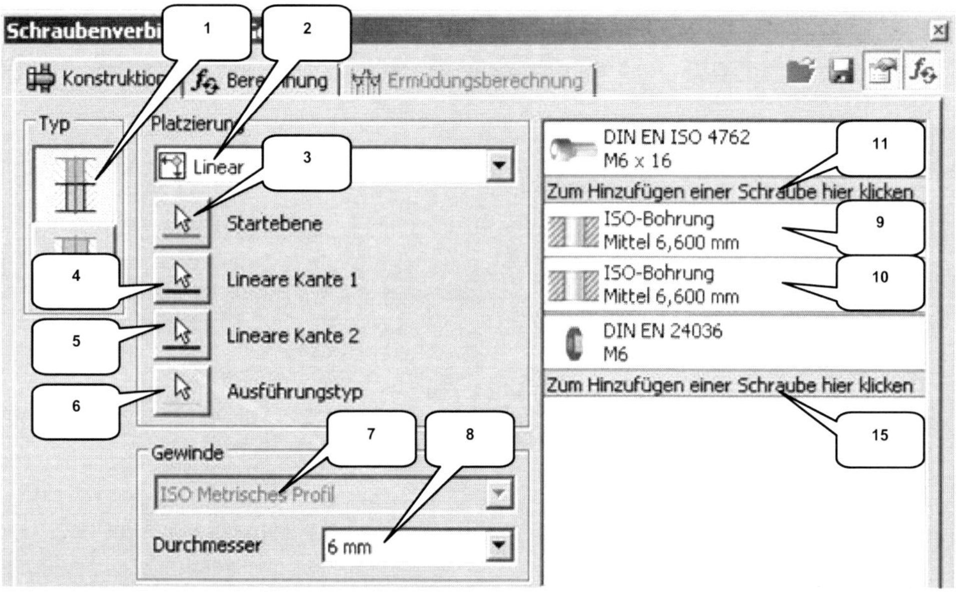

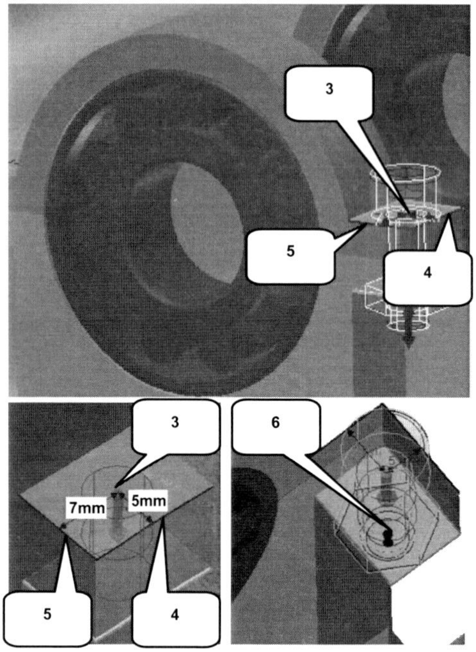

Als *Startebene* dient die markierte Fläche des oberen Halters (3), als ***Referenzen*** für die ***linearen Kanten*** werden die beiden markierten Kanten (4, 5) mit den jeweiligen Abständen ***5 mm*** *und* ***7 mm*** gewählt. Auf dieser Flächen wird später der Schraubenkopf aufliegen. Als ***Ausführungstyp*** ist die untere Fläche des unteren Halters (6) zu wählen.

Im Auswahlfeld ***Gewinde*** (7) ist der Typ ***ISO Metrisches Profil*** mit einem Durchmesser ***6 mm*** (8) einzustellen. Im rechten Bereich des Befehlsfenster werden die beiden Bohrungen bereits angezeigt: Eine Bohrung für den oberen Halter (9) und eine Bohrung für den unteren Halter (10).

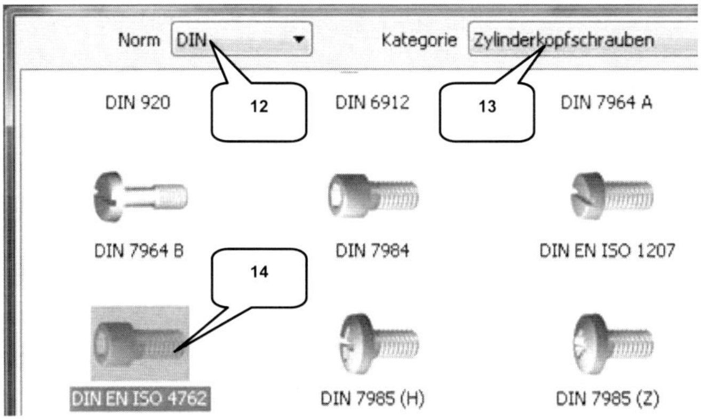

Klicken Sie auf die Schaltfläche ***Zum Hinzufügen einer Schraube hier klicken*** (11).

Im neu geöffneten Auswahlfenster wählen Sie die Norm ***DIN*** (12), die Kategorie ***Zylinderkopfschrauben*** (13) und den Typ ***DIN EN ISO 4762*** (14).

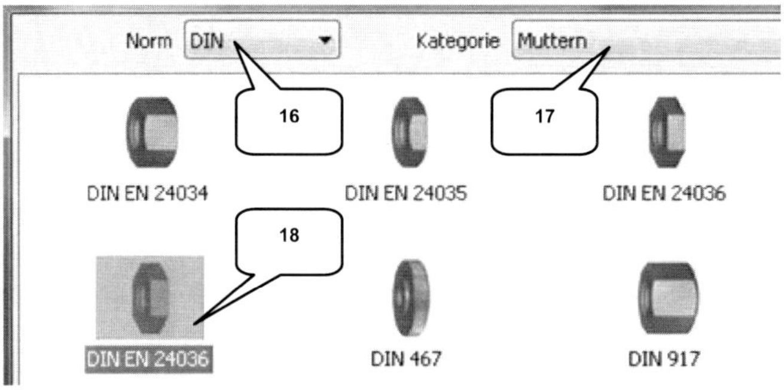

Zurück im Hauptbefehl ist die untere Schaltfläche ***Zum Hinzufügen einer Schraube hier klicken*** (15) zu klicken. Aktivieren Sie die Norm ***DIN*** (16), die Kategorie ***Muttern*** (17) und wählen Sie den Typ ***DIN EN 24036*** (18).

Der Schraubenverbindungs-Generator bietet die Möglichkeit, Vorlagen für Schraubenverbindungen zu exportieren, um bereits definierte Kombinationen aus z. B. Schraube, Mutter und Bohrung auch später verfügbar zu machen. Die Vorlage wird in Form einer XML-Datei gespeichert und kann jederzeit wieder aufgerufen werden.

Zurück im Hauptbefehl ist die Option ***Vorlage exportieren*** (19) zu starten. Im neu geöffneten Eingabefenster wählen Sie den Speicherort Ihres Projektes, tragen als Dateinamen die Bezeichnung ***Schraubverbindung-M6*** ein, verwenden den Dateityp ***Vorlagen (*.xml)*** und Speichern ***Speichern*** danach. Der Befehl Schraubenverbindungs-Generator kann jetzt durch OK ***OK*** bestätigt werden, und das Programm generiert die Schraubenverbindung. Mithilfe der soeben erstellten Vorlage, können weitere Schraubenverbindungen komfortabler erzeugt werden.

Starten Sie den ***Schraubenverbindungs-Generator*** und wählen Sie die Option ***Vorlage importieren*** (20). Im folgenden Auswahlfenster ist die Vorlage ***Schraubverbindung-M6.xml*** zu wählen und zu Öffnen ***Öffnen***.

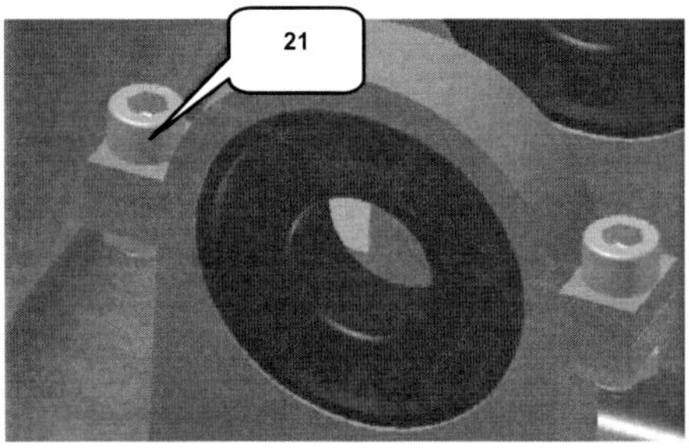

Schraube, Mutter und Bohrung werden aus dieser Vorlage importiert und müssen nur noch positioniert werden. Verwenden Sie in den Bereichen ***Typ*** und ***Platzierung*** dieselben Einstellungen wie in der vorhergehenden Schraubenverbindung und platzieren Sie die Schraubenverbindung auf der markierten Position (21).

HINWEIS: Die restlichen Bauteile (Antriebswelle-Zwischenhalter.ipt und Antriebs-Abtriebswelle-Halter.ipt) wurden durch den letzten Befehl automatisch mit Bohrungen versehen (identische Quelldatei). Die Vorlage ***Schraubverbindung-M6.xml*** kann hier trotzdem verwendet werden, lediglich der Platzierungstyp ist auf ***Nach Bohrung*** (23) zu ändern. Als ***Vorhandene Bohrung*** ist die bereits erstellte Bohrung zu wählen. Die Auswahl der Referenzkanten entfällt somit.

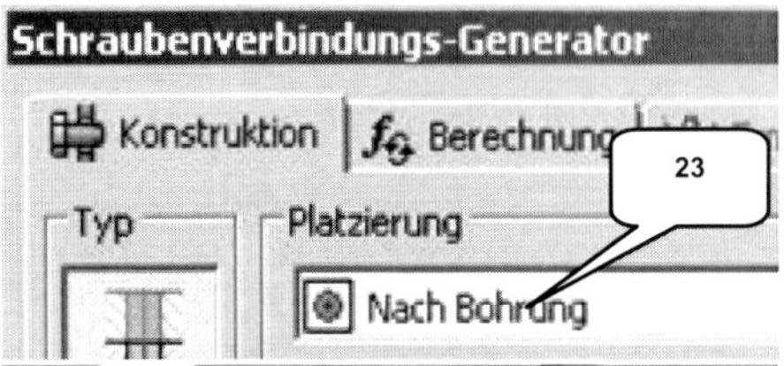

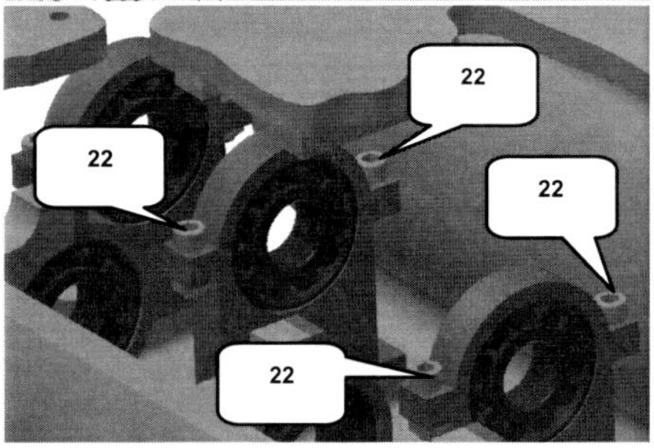

Starten Sie den ***Schraubenverbindungs-Generator***, öffnen Sie die Vorlage ***Schraubverbindung-M6.xml*** (20) und erzeugen Sie vier weitere Schraubenverbindungen, wie in der nebenstehenden Abbildung markiert (22).

Aktivieren Sie den Platzierungstyp ***Nach Bohrung*** (23) und wählen Sie als ***Referenz*** für die vorhandene ***Bohrung*** die bereits in den Bauteilen generierten Bohrungslöcher. Beenden Sie den Generator abschließend und ***speichern*** Sie die Baugruppe.

4.3.3 Lagerhalterungen der Wellen am Motorgehäuse befestigen

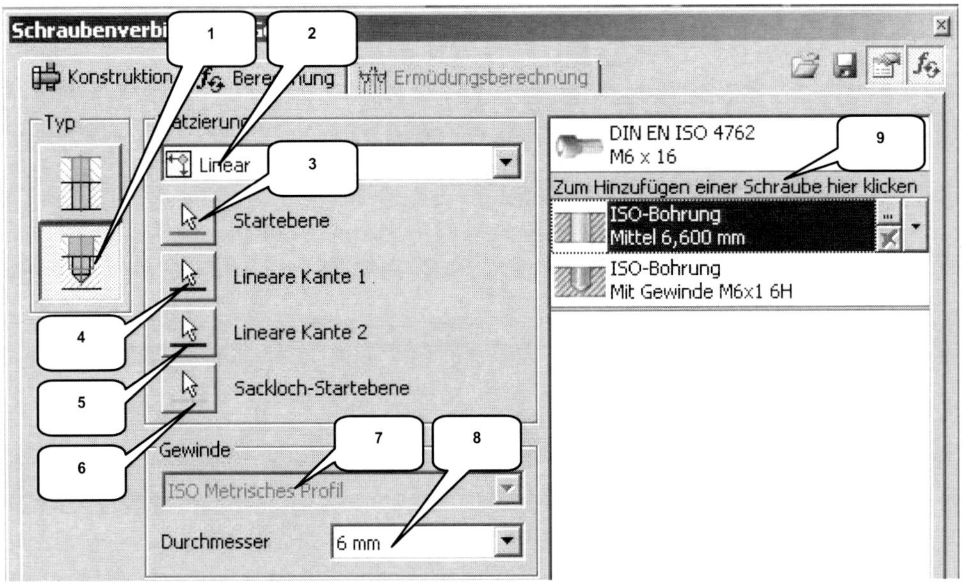

Starten Sie den **Schraubenverbindungs-Generator** erneut, um die drei Zwischenhalter mit dem Motorgehäuse zu verschrauben. Wählen Sie die Option ***Nicht durchgehend*** (1), den Platzierungstyp Linear ***Linear*** (2), die ***Startebene*** (3), die beiden ***linearen Kanten*** (4, 5) mit den Abständen ***5 mm*** und ***7 mm,*** sowie die ***Sackloch-Startebene*** (6). Verwenden Sie den Gewindetyp ***ISO Metrisches Profil*** (7) und den Durchmesser ***6 mm*** (8). Klicken Sie danach auf die Schaltfläche ***Zum Hinzufügen einer Schraube hier klicken*** (9), um die Schraube zu definieren.

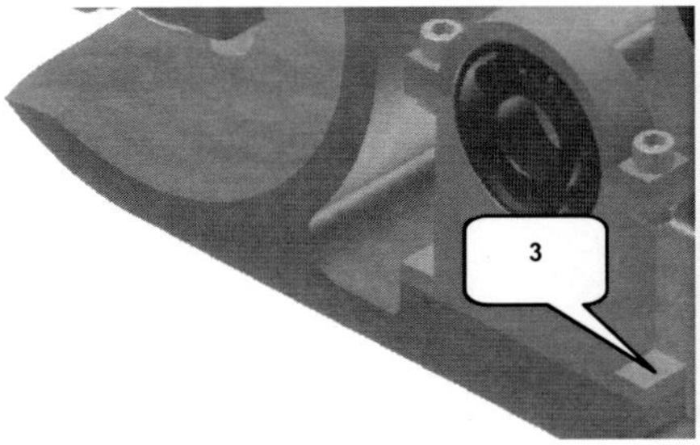

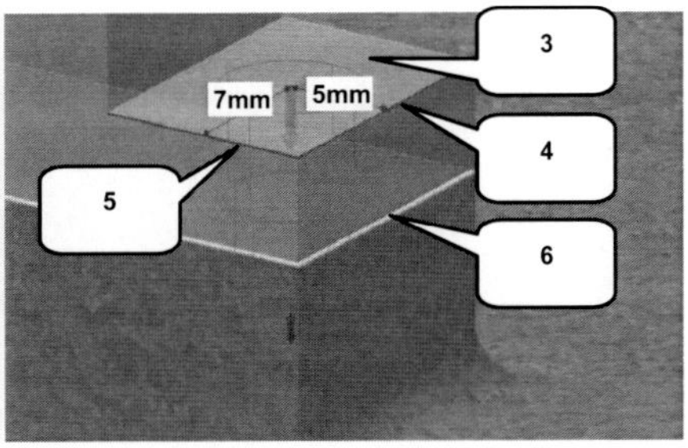

HINWEIS: Als ***Sackloch-Startebene*** (6) ist die markierte Fläche am Motorgehäuse zu wählen, auf welcher der Zwischenhalter montiert wurde.

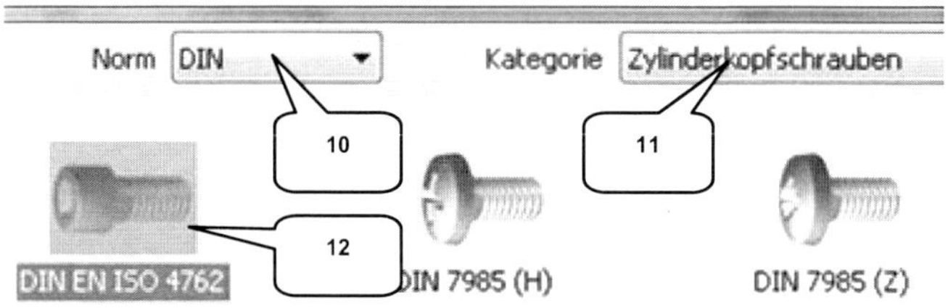

Im Auswahlfenster wählen Sie die Norm ***DIN*** (10), die Kategorie ***Zylinderkopfschrauben*** (11) und den Typ ***DIN EN ISO 4762*** (12).

Bestätigen Sie den Befehl mit Anwenden ***Anwenden***. Der Befehl ist zu wiederholen, bis alle 12 in den folgenden beiden Abbildungen markierten Verbindungen erzeugt wurden.

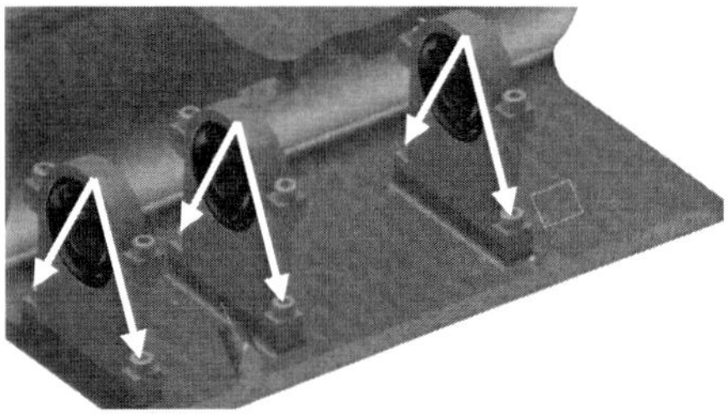

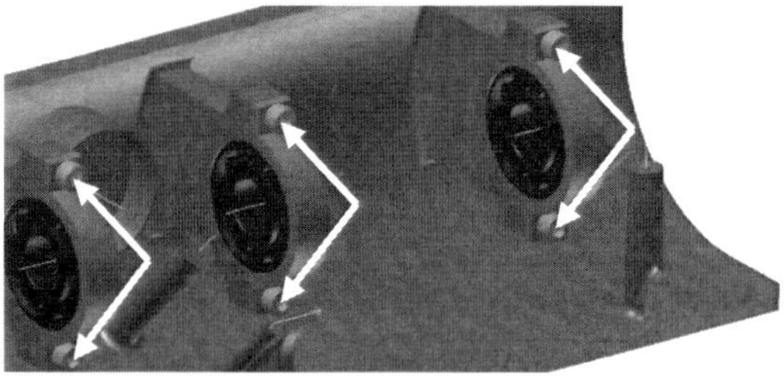

Markieren Sie alle Schraubenverbindungen im Modellbaum und erzeugen Sie daraus einen neuen Ordner ***Schraubenverbindungen***. Die Baugruppe sollte jetzt erst einmal ***gespeichert*** werden. Achten Sie darauf, eine Erstspeicherung der neuen Komponenten zu gewährleisten (Ja für alle).

4.4 Konstruktion der Getriebewellen

4.4.1 Platzieren der Lamellenkupplung

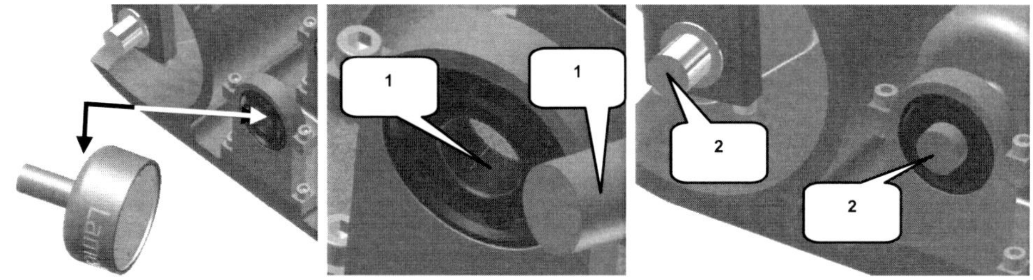

Platzieren Sie aus dem Projektordner das Bauteil ***Kupplung.ipt*** und positionieren Sie es wie dargestellt. Setzen Sie ***Abhängigkeiten*** zwischen den Längsachsen des markierten Lagers und der Kupplung (1), sowie fluchtend zwischen den Stirnflächen von Kupplung und Kurbelwelle (2).

4.4.2 Befehlsgrundlagen WELLEN-GENERATOR

Mit dem ***Wellen-Generator*** (1) kann eine Welle, aus einem oder mehreren Abschnitten, berechnet und konstruiert werden. Sie kann als Vollmaterial oder Hohlwelle erzeugt und zusätzlich mit Bohrungen, Kerben oder Nuten versehen werden.

4.4.2.1 Register KONSTRUKTION

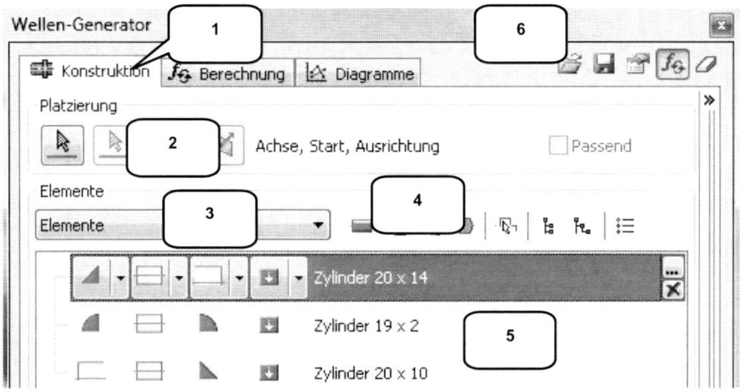

INHALT

Der Register ***Konstruktion*** ermöglicht die Platzierung der Welle in einer vorhandenen Geometrie sowie die Dimensionierung der Wellenabschnitte. Die Welle kann mit Fasen, Rundungen, Rillen, Gewinden, Nuten, Bohrungen, Einstichen oder Kerben versehen werden. Die einzelnen Wellenabschnitte können zylindrisch, geschnitten, kegelig, als Polygon oder nach einer vordefinierten Skizze erzeugt werden. Die Daten einer Welle können importiert oder exportiert werden.

OPTIONEN

1) Register: Konstruktion/ Berechnung/ Diagramme
2) Platzierung
3) Neue Wellenabschnitte erzeugen/ vorhandene bearbeiten
4) Wellentyp
5) Wellenabschnitte auflisten
6) Berechnungen, Dateibenennung, Zurücksetzen der Berechnungswerte

4.4.2.2 Register BERECHNUNG

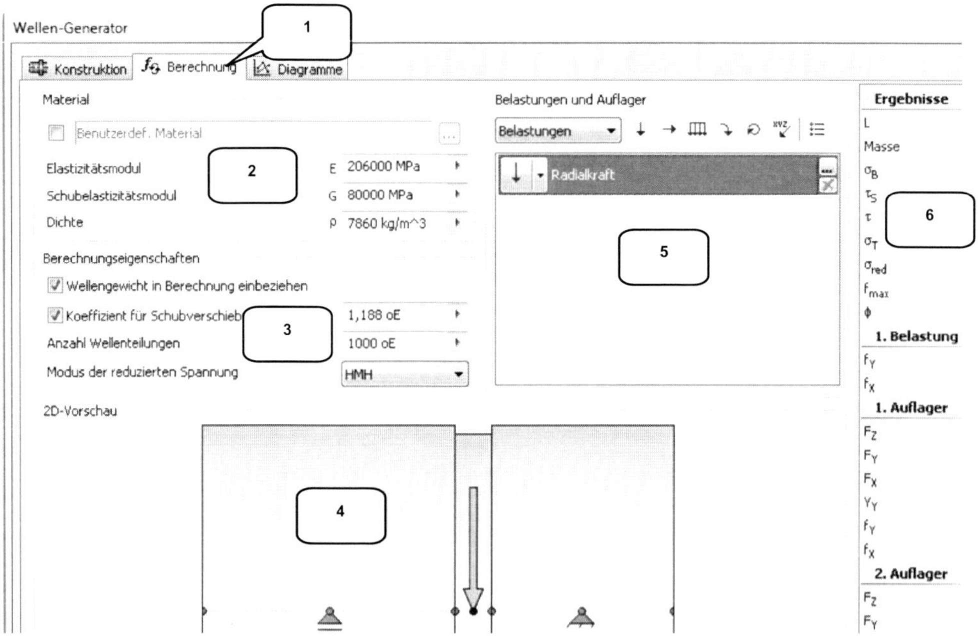

INHALT

Im Register ***Berechnung*** werden Material, Berechnungseigenschaften und Belastungsarten festgelegt. Eine 2D-Vorschau zeigt die Berechnungsergebnisse der Belastungsanalyse.

OPTIONEN

1) Register: Konstruktion/ Berechnung/ Diagramme
2) Material
3) Berechnungseigenschaften
4) Belastungsanalyse (2D-Vorschau)
5) Belastungen und Auflager
6) Berechnungsergebnisse

4.4.2.3 Register DIAGRAMME

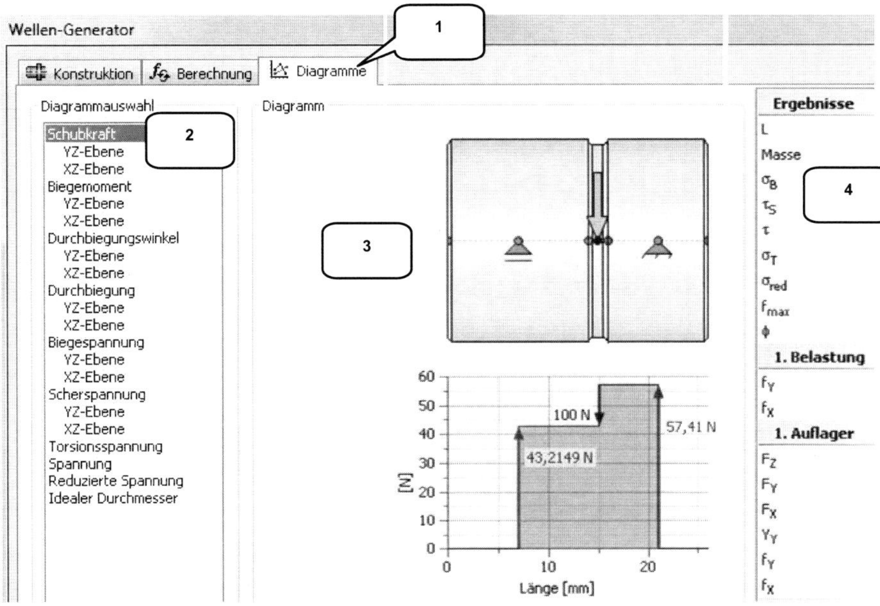

INHALT

Das Register ***Diagramme*** bietet, zusätzlich zur grafischen Vorschau der Wellenbelastung, ein Diagramm mit der grafischen Darstellung der Berechnungsergebnisse (Schubkräfte, Biegekräfte, Spannungen, Drehmomente). Im linken Bereich des Befehlsfensters können die einzelnen Berechnungsdiagramme gewählt werden, in der Mitte werden sie dargestellt, rechts befinden sich die tabellarischen Berechnungsergebnisse.

OPTIONEN

1) Register: Konstruktion/ Berechnung/ Diagramme
2) Diagrammauswahl
3) Wellenbelastung, Diagramm
4) Berechnungsergebnisse

4.4.3 Konstruktion der Antriebswelle

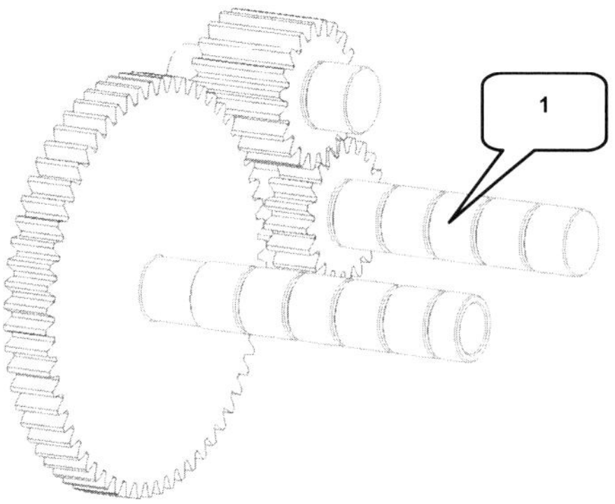

Als erstes Wellenobjekt soll die ***Antriebswelle*** (1) konstruiert werden. Sie wird fünf Zahnräder tragen. Vier für die Vorwärtsgänge und einen für den Rückwärtsgang.

Die Antriebswelle ist direkt mit der Kupplung verbunden und überträgt den Kraftfluss über die Zahnräder, entweder direkt auf die Abtriebswelle (Vorwärtsgänge), oder über die Rücklaufwelle zur Abtriebswelle (Rückwärtsgang).

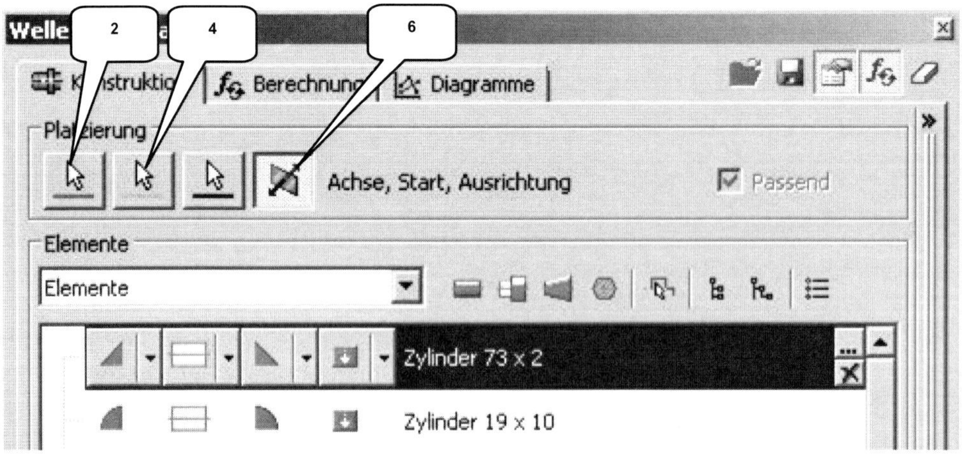

Starten Sie den ***Wellen-Generator*** und legen Sie die Welle einmal frei mit der linken Maustaste ab. Wählen Sie als ***zylindrische Fläche*** die innere Zylinderfläche (2) des sich neben der Kupplung (3) befindlichen Lagers.

Als ***planare Startfläche*** ist die markierte Fläche der Kupplung (4) zu wählen.

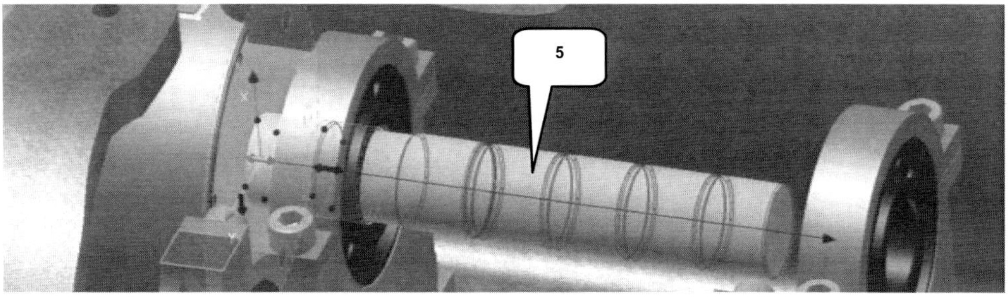

Die Welle sollte jetzt bereits als Vorschau angezeigt werden (5). Achten Sie darauf, dass die Welle von der Kupplung weg zeigt. Sollte dies bei Ihnen nicht der Fall sein (die Welle verläuft durch die Kupplung hindurch nach außen), muss die Richtung mit der Option ***Seite umkehren*** (6) korrigiert werden.

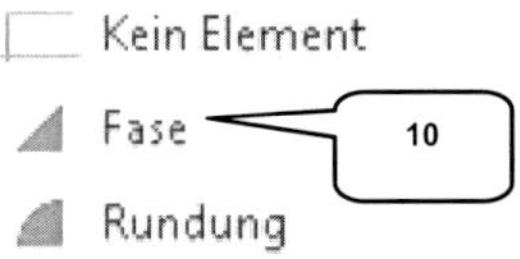

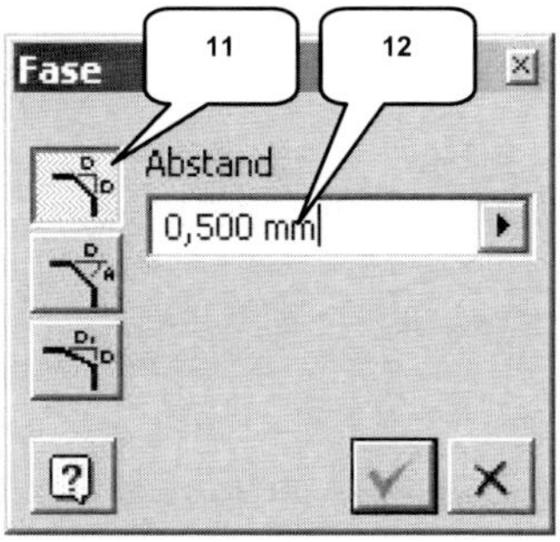

Die Antriebswelle besteht aus mehreren Abschnitten, die in der folgenden Übung zu konstruieren sind. Zunächst ist die Option ***Elemente*** (7) zu aktivieren.

Der darunter liegende Strukturbaum stellt die Anzahl der aktuell vorhandenen Wellenabschnitte dar. Löschen Sie alle Abschnitte bis auf einen. Verwenden Sie die Option ***Löschen*** (Zeile anklicken, dann ***löschen*** (8) wählen). Sobald alle Abschnitte (bis auf einen) gelöscht wurden, kann mit dessen Bearbeitung begonnen werden. Klicken Sie auf das kleine Dreieck (9) auf der linken Seite der Zeile und wählen Sie die Option ***Fase*** (10).

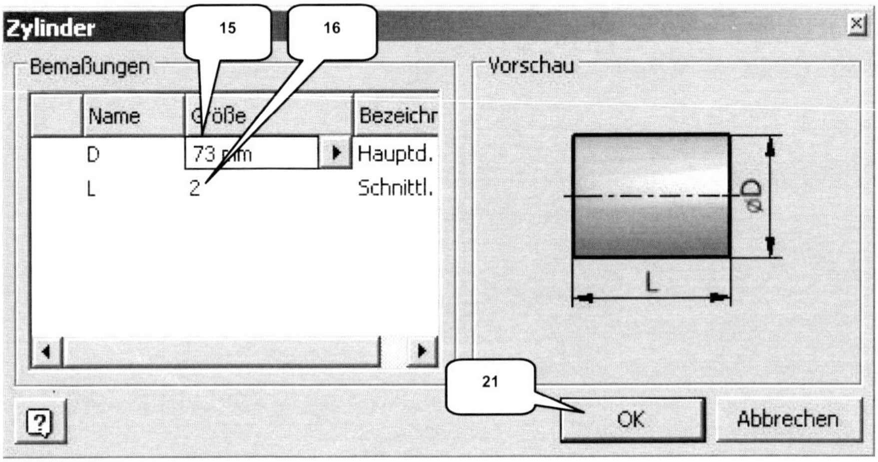

Aktivieren Sie die Option ***Abstand*** (11) und tragen Sie den Wert ***0,5 mm*** (12) ein. Erzeugen Sie auch an der rechten Seite des Wellenabschnitts eine ***Fase*** (13) mit denselben Einstellungen. Nachdem Anfang und Ende des Wellenabschnitts jeweils mit einer Fase versehen wurden, sind Durchmesser und Länge zu definieren. Öffnen Sie die ***Eigenschaften*** (14) und tragen Sie den Durchmesser ***D= 73 mm*** (15) und die die Länge ***L= 2 mm*** (16) ein. OK ***OK*** (17) bestätigt die Eingaben.

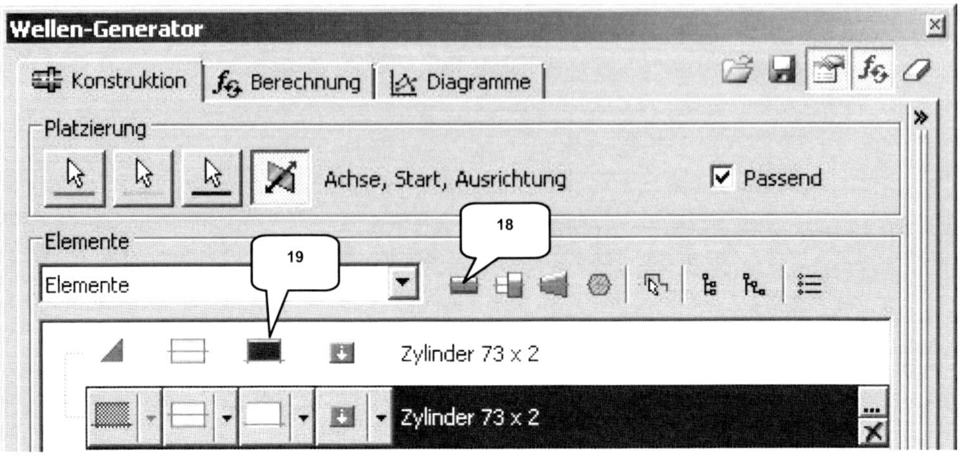

Zurück im Hauptbefehl dann die Option ***Zylinder einfügen*** (18) wählen, um einen neuen Wellenabschnitt zu erzeugen. Die zweite Fase des ersten Wellenabschnitts sollte jetzt rot dargestellt sein (19), da das Programm die Fase (aufgrund des identischen Durchmessers beider Abschnitte) nicht berechnen kann. Diese Tatsache kann vorerst ignoriert werden.

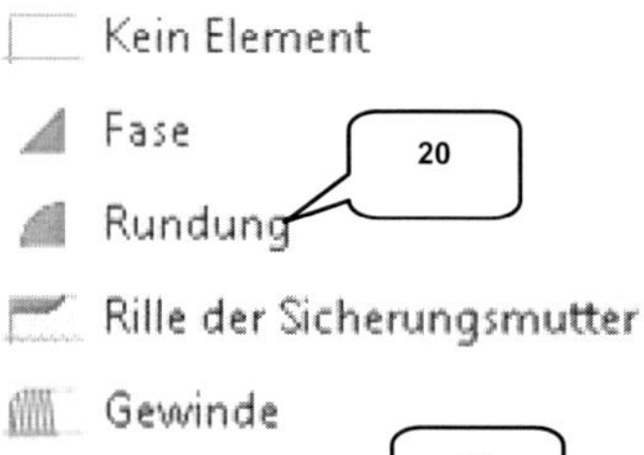

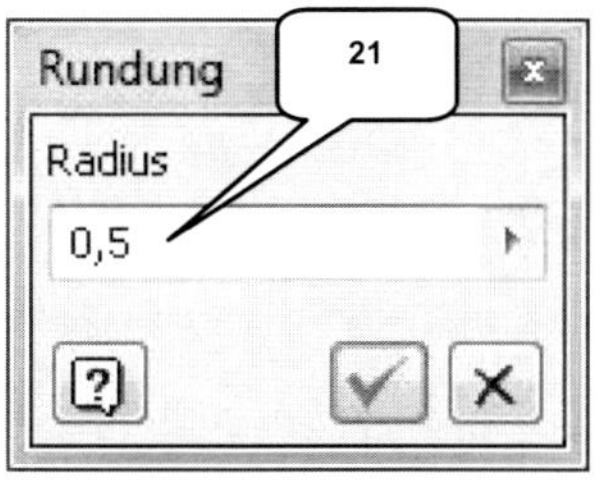

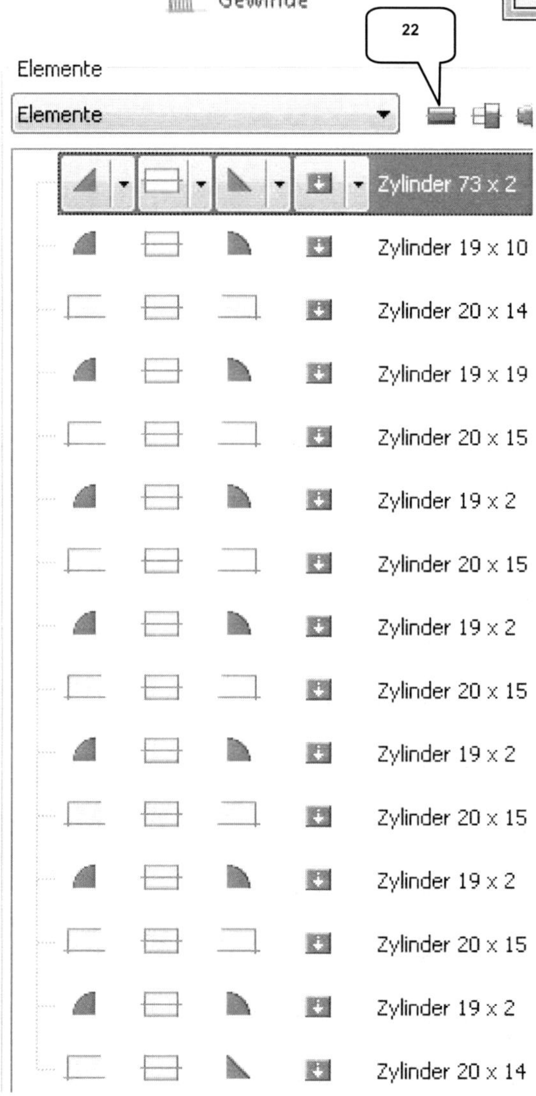

Ändern Sie in der zweiten Zeile den Durchmesser auf ***D= 19 mm*** und die die Länge auf ***L= 10 mm***. Bearbeiten Sie die Wellenenden des neuen Abschnitts. Beide Seiten sollen eine ***Rundung*** (20) mit einem Radius von ***0,5 mm*** (21) erhalten.

Erzeugen Sie weitere ***13 Wellenabschnitte*** (22), bis insgesamt 15 Zeilen im Fenster ***Elemente*** vorhanden sind. Die jeweiligen Durchmesser und Längen sind der nebenstehenden Abbildung zu entnehmen. Einige Abschnitte sind mit ***Rundungen*** zu versehen, wobei ein jeweiliger Radius von ***0,5 mm*** zu verwenden ist. Der letzte Abschnitt erhält an dessen Ende eine ***Fase*** (Option ***Abstand***, Wert ***0,5 mm***). Sobald Ihre Einstellungen mit denen der nebenstehenden Abbildung übereinstimmen, kann der Befehl mit OK ***OK*** beendet werden.

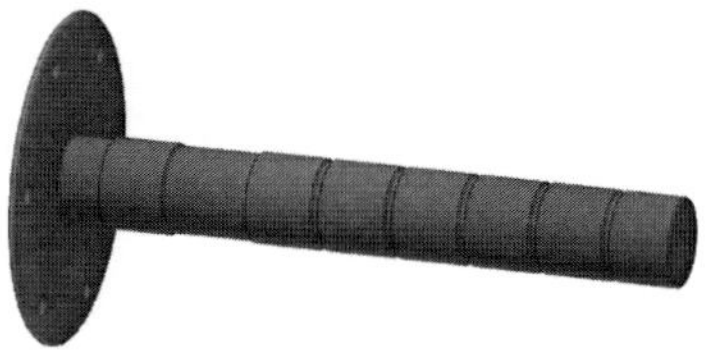

4.4.4 Befestigungsflansch der Antriebswelle mit Bohrungen versehen

Um die Antriebswelle mit der Lamellenkupplung verbinden zu können, müssen im Befestigungsflansch der Welle (erster Wellenabschnitt, 73 x 2 mm) Bohrungen erzeugt werden. Markieren Sie Kupplung (1) und Antriebswelle (2) und isolieren Sie die beiden Bauteile (***rechte Maustaste*** > ***Isolieren***). Um die Sicht auf die Gewindebohrungen der Kupplung freizugeben, sollte der Antriebswelle vorübergehend das Material ***Glas*** zugewiesen werden. Doppelklicken Sie auf die Antriebswelle (2) um in ihren Baugruppenbereich zu gelangen. Doppelklicken Sie erneut darauf um in den Bauteilbereich zu gelangen.

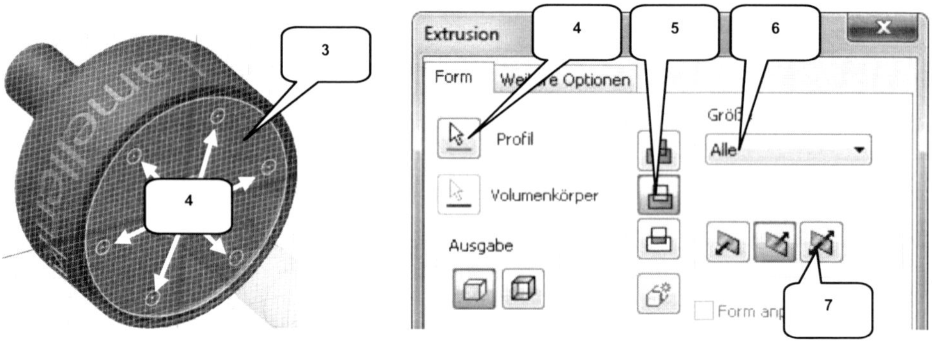

Im Bauteil ***Welle.ipt*** angelangt, ist auf der markierten Fläche (3) eine neue ***2D-Skizze*** zu erzeugen. ***Projizieren*** Sie die sechs Bohrungen der Kupplung (4) in den Skizzenbereich und ***beenden*** Sie die Skizze danach wieder.

Zurück im Modellbereich ist der Befehl ***Extrusion*** zu starten und die sechs projizierten Kreise (4) sind zu extrudieren. Verwenden Sie das Verfahren ***Differenz*** (5), die Größe ***Alle*** (6) und die Richtung ***Symmetrisch*** (7). Bauteil- und Baugruppenbereich der Welle können anschließend ***verlassen*** werden (2 x klicken). Zurück im Baugruppenbereich der Hauptbaugruppe, ist der Antriebswelle abschließend die Farbe ***Chrom-poliert-blau*** zuzuweisen.

4.4.5 Schrauben aus dem Inhaltscenter importieren

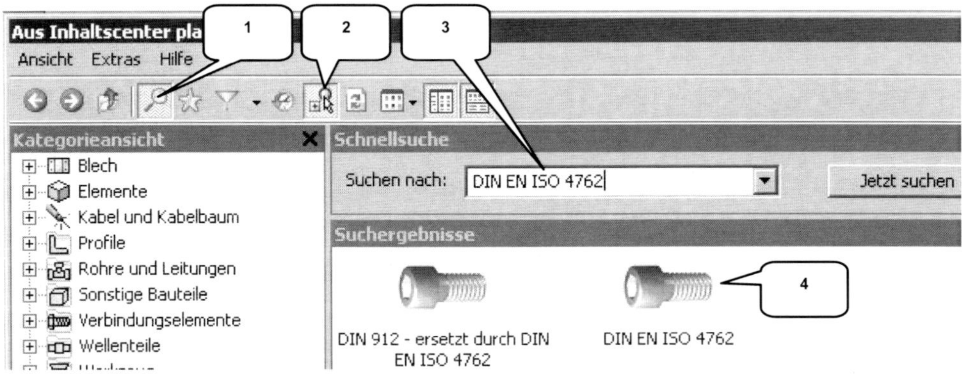

In der folgenden Übung sollen Schrauben aus dem Inhaltscenter in die Baugruppe eingefügt werden. Starten Sie den Befehl ***Aus Inhaltscenter platzieren*** (Register ***Zusammenfügen***). Aktivieren Sie die Optionen ***Suche*** (1) und ***AutoDrop*** (2). Tragen Sie den Suchbegriff ***DIN EN ISO 4762*** (3) ein und doppelklicken Sie die markierte Schraube (4).

Als konzentrische ***Referenz*** zur ***Dimensionierung*** der Schraube muss jetzt eine der ***Gewindebohrungen*** der Kupplung (5) gewählt werden. Als Startfläche ist die Seitenfläche der Kupplung (6) zu wählen. Aktivieren Sie die Option ***Mehrere einfügen*** (7) und doppelklicken Sie den ***Doppelpfeil*** (8) am Ende der Schraube. Im neu geöffneten Auswahlfenster kann die Schraubenlänge 10 mm (9) gewählt werden.

Bestätigen (10) Sie den Befehl anschließend und das Programm generiert die Schrauben.

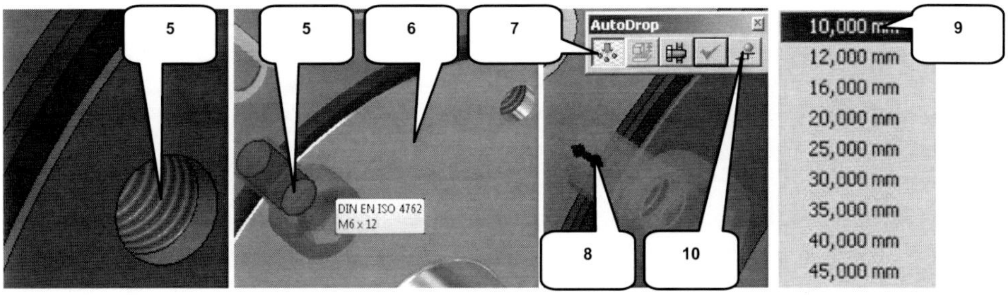

4.4.6 Abschließende Arbeiten an der Antriebswelle

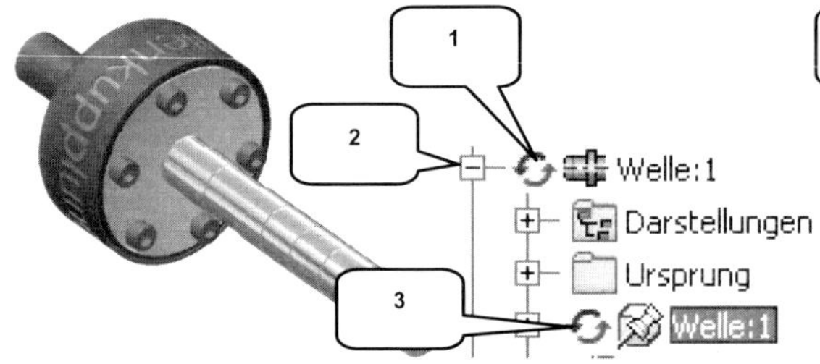

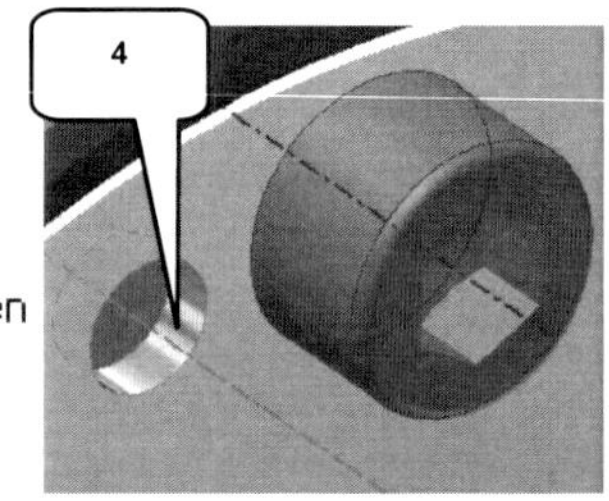

Die zuletzt in die Antriebswelle eingefügten Bohrungen sind abhängig von den Gewindebohrungen der Kupplung, weswegen die Welle im Modellbaum als ***adaptiv*** (1) gekennzeichnet wird. Um später einen reibungslosen Bewegungsablauf des gesamten Getriebes gewährleisten zu können, muss diese Adaptivität deaktiviert und beide Komponenten (Kupplung, Antriebswelle) mit einer neuen Abhängigkeit aneinander gebunden werden. Klappen Sie im Modellbaum die Baugruppe ***Welle.iam*** (2) auf und deaktivieren Sie beim Bauteil ***Welle.ipt*** (3) die ***Adaptivität*** (***rechte Maustaste*** > ***Adaptiv***). Die Kupplung muss jetzt etwas verdreht werden, bis Schrauben und Bohrungen der Welle nicht mehr auf derselben Position sitzen (4). Schrauben und Welle sind im Anschluss manuell mit einer ***Abhängigkeit*** zwischen einer der Bohrungen der Welle (4) und der Symmetrieachse der Zylinderfläche einer der Schrauben der Kupplung zu verbinden.

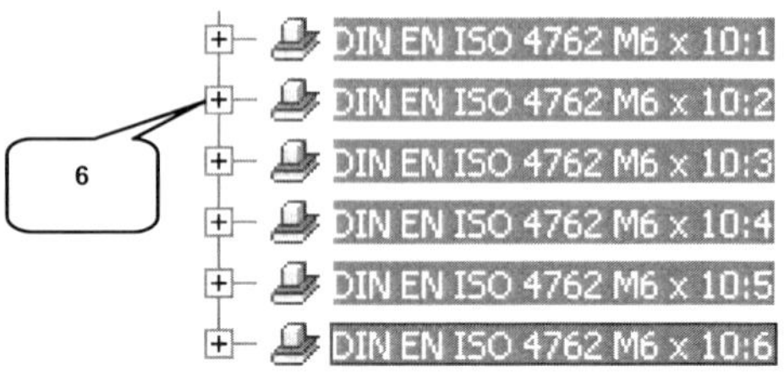

Klicken Sie mit der ***rechten Maustaste*** auf einen beliebigen Punkt im Hintergrund des Zeichenbereiches (5) und wählen Sie Option ***Isolieren rückgängig***, um alle anderen Komponenten wieder einzublenden. Markieren Sie anschließend die sechs neuen Schrauben im Modellbaum (6) und erzeugen Sie daraus den neuen Ordner ***Schrauben***.

4.4.7 Importieren der Halterungen für die Rücklaufwelle

Platzieren Sie das Bauteil ***Rücklaufwelle-Halter.ipt*** zweimal aus dem Projektordner in der Baugruppe und positionieren Sie diese bündig, wie in den oberen Abbildungen dargestellt, an den beiden dafür vorgesehenen Absätzen im Getrieberaum des Motorgehäuses (1, 2).

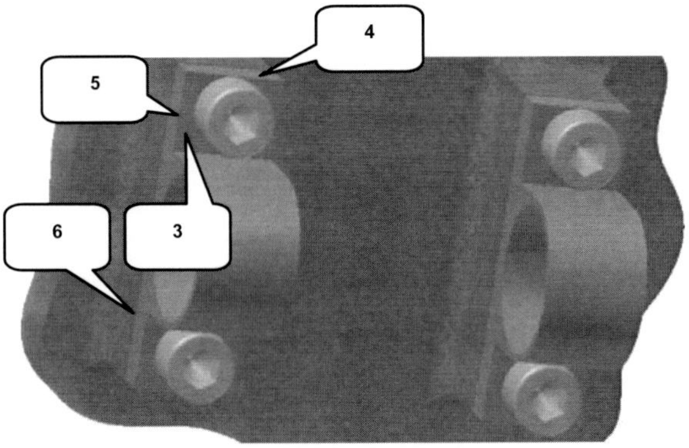

Starten Sie den ***Schraubenverbindungs-Generator***, um die beiden Halter mit dem Motorgehäuse zu verschrauben. Wählen Sie die Option ***Nicht durchgehend***, den Platzierungstyp Linear ***Linear***, die markierte ***Startebene*** (3), als ***Referenzen*** die beiden ***linearen Kanten*** (4, 5) mit den Abständen ***5 mm*** und ***7 mm***, sowie die markierte ***Sackloch-Startebene*** (6). Verwenden Sie den Gewindetyp ***ISO Metrisches Profil*** und den Durchmesser ***6 mm***. Klicken Sie danach auf die Schaltfläche ***Zum Hinzufügen einer Schraube hier klicken***, um die ***Zylinderkopfschraube DIN EN ISO 4762*** zu ergänzen.

Fügen Sie insgesamt vier Schraubenverbindungen ein. ***Speichern*** Sie die Baugruppe anschließend. Achten Sie darauf, die neuen Komponenten ebenfalls zu sichern (***Ja, für alle***).

Nachdem die Halterungen der Rücklaufwelle eingefügt und befestigt wurden, kann die Rücklaufwelle konstruiert werden.

4.4.8 Konstruktion der Rücklaufwelle

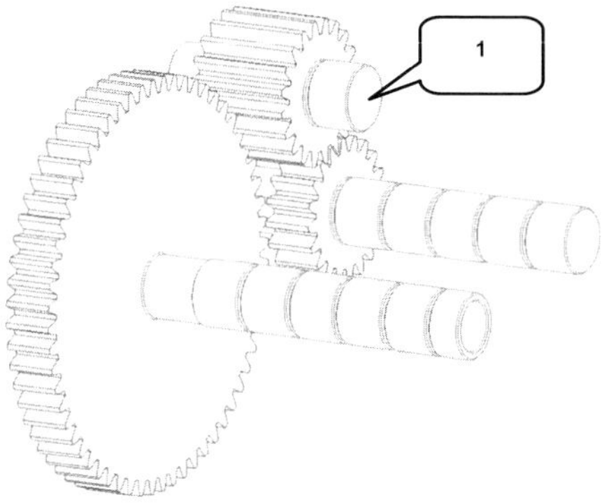

Die ***Rücklaufwelle*** (1) ist sehr kurz und trägt nur ein Zahnrad (Rücklaufrad). Der Kraftfluss wird von der Antriebswelle über die Zahnräder auf die Rücklaufwelle übertragen und von dieser auf die Abtriebswelle weitergeleitet. Durch diesen Übergang entsteht eine Umkehr der Drehrichtung. Die Rücklaufwelle soll konstruiert, dann frei im Raum abgelegt und später manuell positioniert werden.

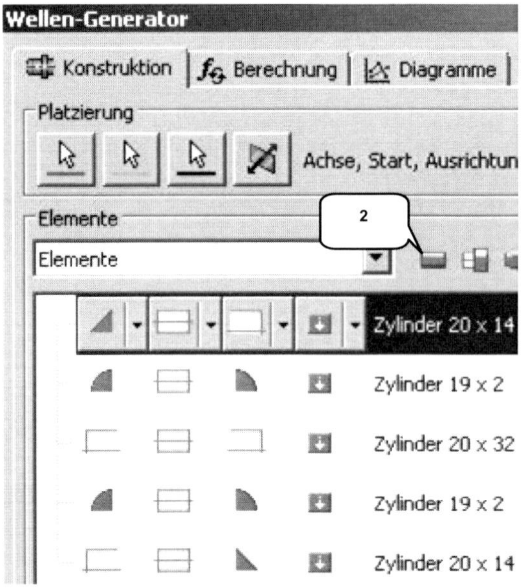

Starten Sie den ***Wellen-Generator*** und ***löschen*** Sie alle vorhandenen Abschnitte bis auf den ersten. Erzeugen Sie danach vier neue ***Zylinder*** (2) und übernehmen Sie alle Durchmesser und Längen aus der nebenstehenden Abbildung. Alle ***Rundungen*** sind mit einem Radius von ***0,5 mm*** und alle ***Fasen*** mit der Option ***Abstand*** und einem Wert ***0,5 mm*** zu gestalten. Beenden Sie den Befehl mit OK ***OK*** und legen Sie die Welle frei im Zeichenbereich ab.

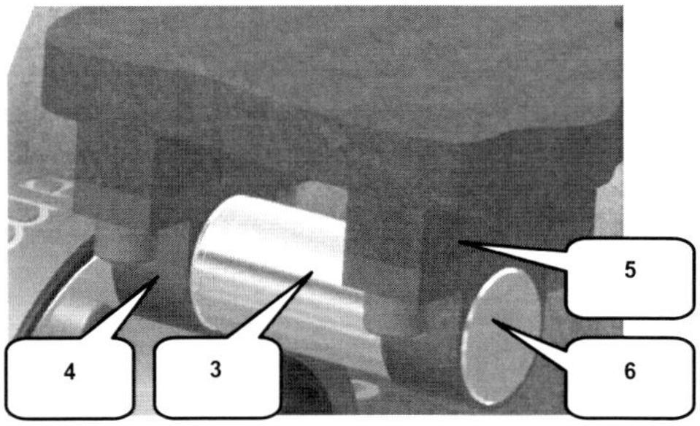

Erzeugen Sie eine axiale ***Abhängigkeit*** zwischen Welle (3) und Halter (4) sowie eine fluchtende ***Abhängigkeit*** zwischen den beiden markierten Flächen (5, 6), um die Welle zu positionieren. Weisen Sie der Rücklaufwelle abschließend die Farbe ***Chrom-poliert-blau*** zu und ***speichern*** Sie die Baugruppe.

4.4.9 Konstruktion der Abtriebswelle

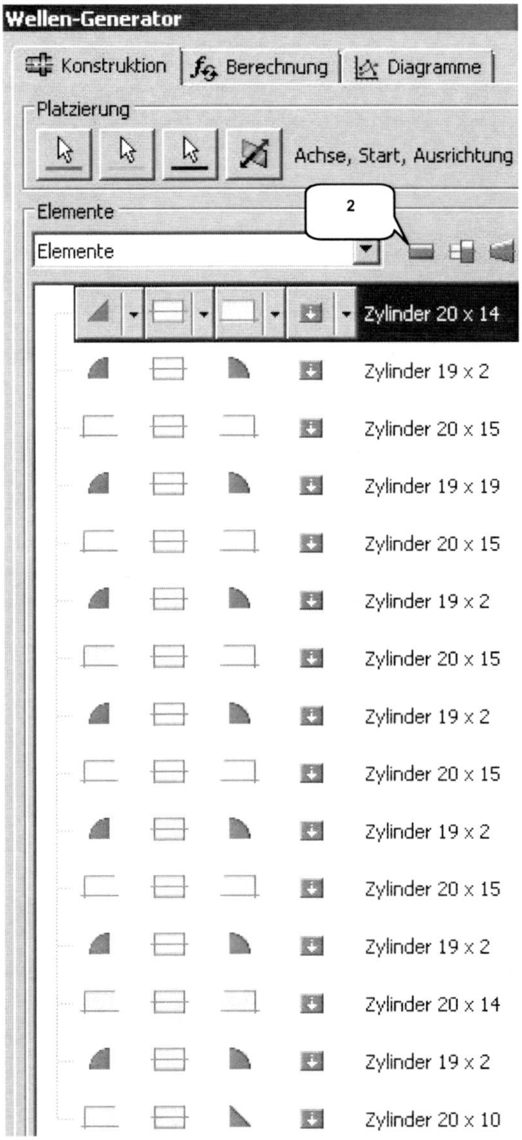

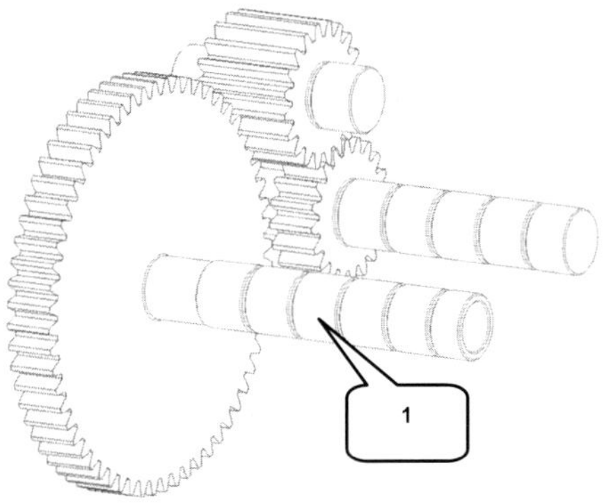

Die ***Abtriebswelle*** (1) trägt fünf Zahnräder (vier für die Vorwärtsgänge und einen für den Rückwärtsgang) und ein Kegelrad. Der Kraftfluss kann von der Antriebs- oder der Rücklaufwelle auf die Abtriebswelle übertragen werden und wird von dieser auf ein Kegelradgetriebe geleitet. Um die Schaltbarkeit der einzelnen Gänge gewährleisten zu können, muss die Abtriebswelle als Hohlwelle ausgeführt werden.

Starten Sie den ***Wellen-Generator*** und ***löschen*** Sie alle vorhandenen Abschnitte bis auf den ersten. Erzeugen Sie danach 14 weitere ***Zylinder*** (2) und übernehmen Sie alle Durchmesser und Längen aus der nebenstehenden Abbildung. Alle ***Rundungen*** sind mit einem Radius von ***0,5 mm*** und alle ***Fasen*** mit der Option ***Abstand*** und einem Wert ***0,5 mm*** zu gestalten.

Wechseln Sie im Feld ***Elemente*** zur Option ***Hohlräume Links*** (3), um eine Durchgangsbohrung zu erzeugen.

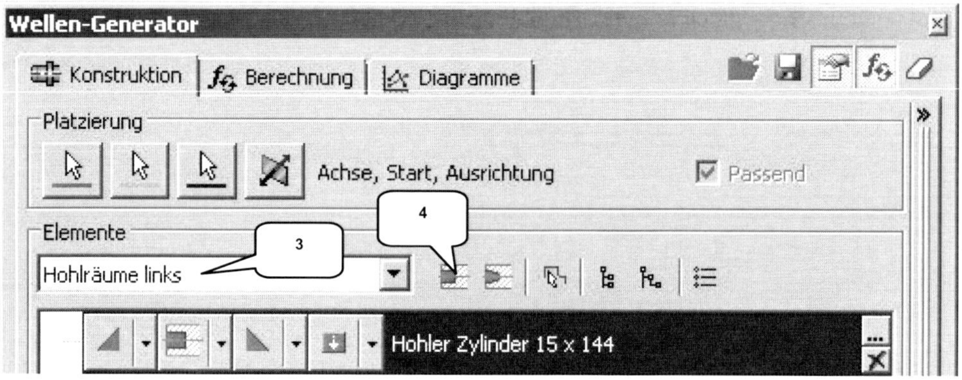

Wählen Sie die Option ***Inneren Zylinder einfügen*** (4) und erzeugen Sie ein Bohrungselement mit einem Durchmesser ***D= 15 mm*** und einer Länge ***L= 144 mm***. Fügen Sie diesem Element zwei ***Fasen*** (Option ***Abstand***, Wert ***0,5 mm***) hinzu und bestätigen Sie den Befehl mit OK ***OK***. Die Welle kann jetzt frei im Zeichenbereich abgelegt werden.

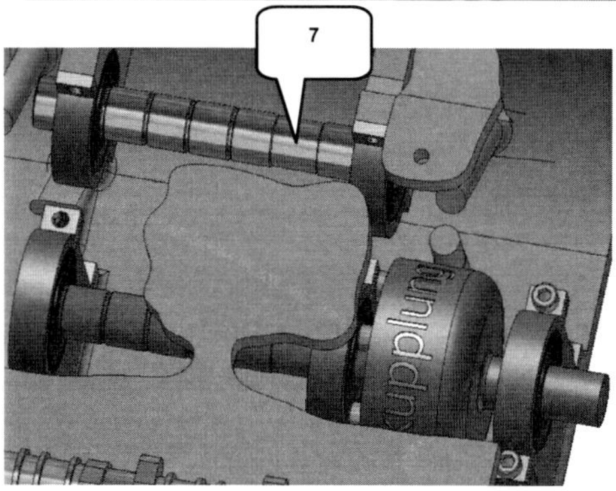

Platzieren Sie die Welle (5) mit einer axialen ***Abhängigkeit*** im markierten Lager (6). Achten Sie dabei auf die korrekte Position des Wellenabschnitts ***19 × 19 mm*** (7). Setzen Sie eine fluchtende ***Abhängigkeit*** zwischen der Stirnseite der Welle (8) und der Seitenfläche des Lagers (9).

Weisen Sie der Abtriebswelle anschließend die Farbe ***Chrom-poliert-blau*** zu und **speichern** Sie die Hauptbaugruppe samt der neuen Komponente.

4.5 Konstruktion der Zahnradpaare

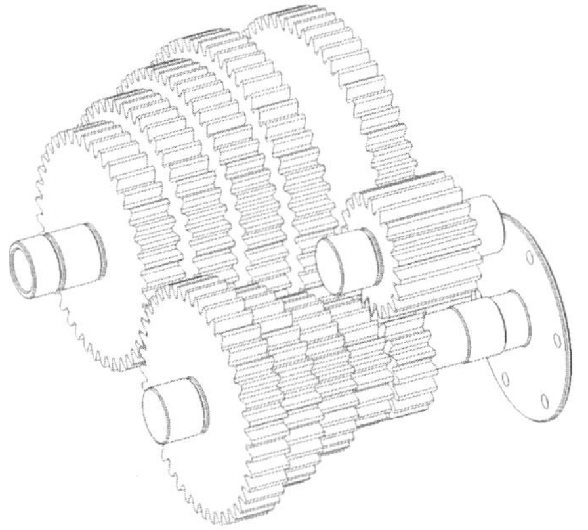

Bei einem ***Ziehkeilgetriebe*** sind die Zahnradpaare ständig im Eingriff und werden nicht voneinander getrennt. Die Zahnräder auf der Antriebswelle sind fest mit dieser verbunden. Die Zahnräder der Abtriebswelle können darauf frei gedreht werden. Wenn der Ziehkeil (in der Hohlwelle) sich unter eines der Zahnräder schiebt, aktiviert er eine Sperre und verbindet Zahnrad und Abtriebswelle miteinander. Der Kraftfluss wird dann über dieses Zahnradpaar auf die Abtriebswelle übertragen.

4.5.1 Befehlsgrundlagen STIRNRÄDER-GENERATOR

Der ***Stirnräder-Generator*** (1) ermöglicht die Konstruktion von Stirnradpaaren unter Angabe von Übersetzungsverhältnis, Eingriffs- oder Schrägungswinkel und weiteren Randbedingungen.

4.5.1.1 Register KONSTRUKTION

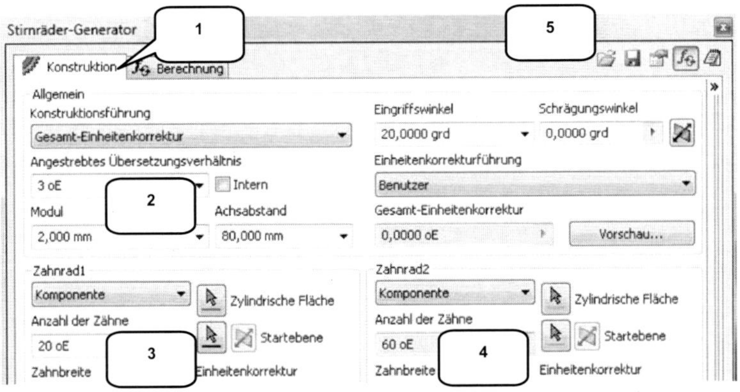

INHALT

Im Register ***Konstruktion*** werden Berechnungstyp, Übersetzungsverhältnis, Achsabstand, Eingriffswinkel und geometrische Abmessungen der Stirnräder festgelegt.

OPTIONEN

1) Register: Konstruktion/ Berechnung
2) Berechnungstyp, Übersetzungsverhältnis, Modul, Achsabstand, Eingriffswinkel, Schrägungswinkel
3) Geometrie Stirnrad eins
4) Geometrie Stirnrad zwei
5) Berechnungswerte importieren/ exportieren, Berechnungseinstellungen

4.5.1.2 Register BERECHNUNG

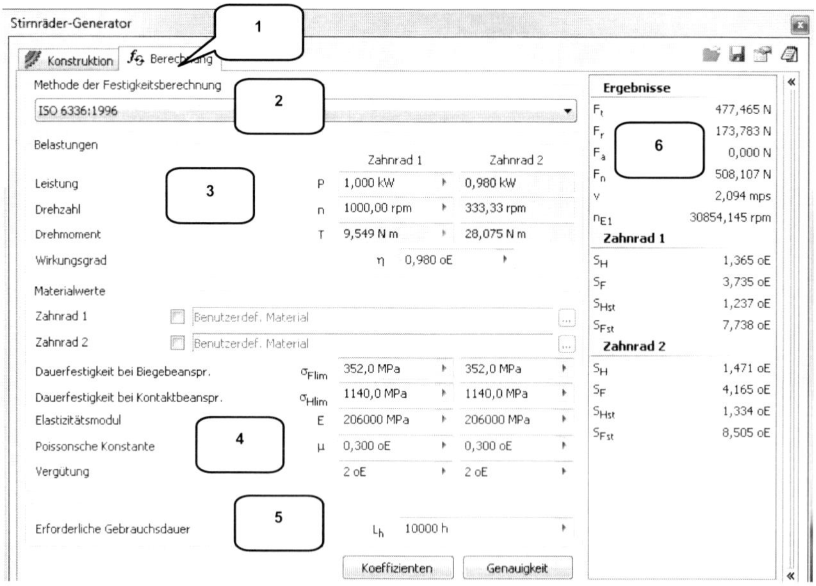

INHALT

Der Register ***Berechnung*** ermöglicht eine Auswahl der Methode der Festigkeitsberechnung sowie die Definition von Material, Gebrauchsdauer und Belastung.

OPTIONEN

1) Register: Konstruktion/ Berechnung
2) Methode der Festigkeitsberechnung
3) Belastungen
4) Materialauswahl
5) Gebrauchsdauer
6) Berechnungsergebnisse

4.5.2 Konstruktion des Zahnradpaares für den ersten Gang

In der folgenden Übung sollen die einzelnen Zahnradpaare konstruiert werden. Um die Darstellung übersichtlicher zu gestalten, markieren Sie die drei Wellen im Modellbaum (1) und isolieren diese (***rechte Maustaste*** > ***Isolieren***). Starten Sie anschließend den ***Stirnräder-Generator***.

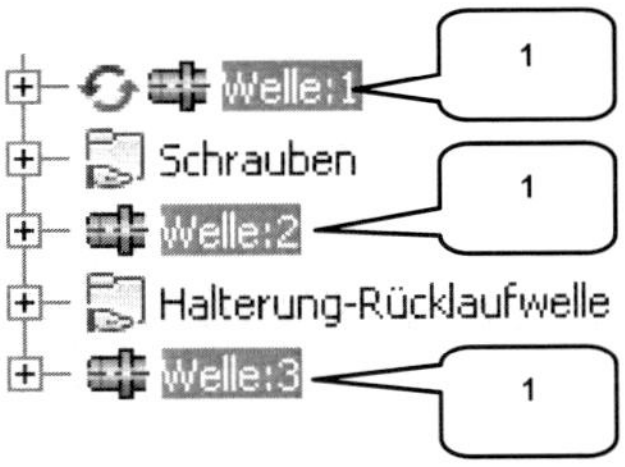

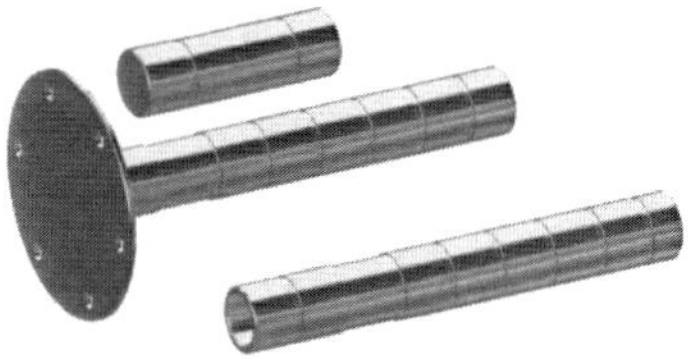

Die Zahnradpaarung des ersten Ganges soll mit einem Übersetzungsverhältnis von ***3:1*** arbeiten. Das bedeutet, dass sich die Drehzahl der Kurbelwelle nur zu einem Drittel von der Antriebs- auf die Abtriebswelle überträgt. Das Drehmoment hingegen, verdreifacht sich.

Die Anzahl der Zähne für das treibende Rad (Zahnrad 1) soll ***20***, für das getriebene Rad (Zahnrad 2) ***60*** betragen. Beide Stirnräder sind mit einer Breite von ***15 mm*** zu konstruieren.

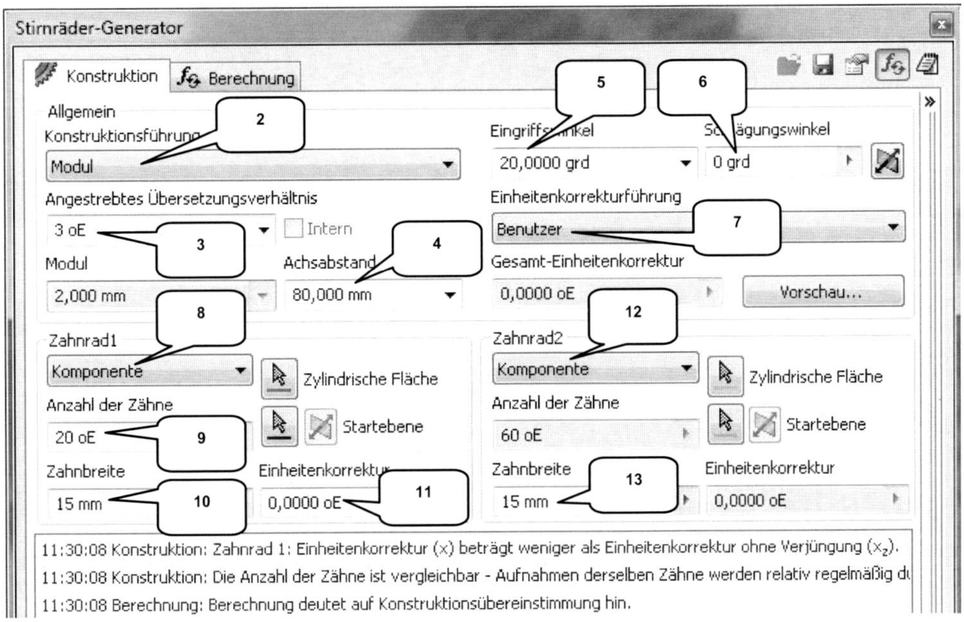

Übernehmen Sie die Einstellungen in folgender Reihenfolge:

- ***Konstruktionsführung***: Modul (2)
- ***Übersetzungsverhältnis***: 3:1 (3)
- ***Achsabstand***: 80 mm (4)
- ***Eingriffswinkel***: 20° (5)
- ***Schrägungswinkel***: 0° (6)
- ***Einheitenkorrektur***: Benutzer (7)
- ***Zahnrad 1-Option***: Komponente (8)
- ***Zahnrad 1-Anzahl der Zähne***: 20 (9)
- ***Zahnrad 1-Zahnbreite***: 15 mm (10)
- ***Zahnrad 1-Einheitenkorrektur***: 0 (11)
- ***Zahnrad 2-Option: Komponent***e (12)
- ***Zahnrad 2-Zahnbreite***: 15 mm (13)
- Berechnen ***Berechnen***

HINWEIS: Sollte das Eingabefeld ***Angestrebtes Übersetzungsverhältnis*** (3) nach Aktivierung der Konstruktionsführung ***Modul*** (2) grau hinterlegt sein, wechseln Sie kurz zur Option Konstruktionsführung ***Modul und Anzahl der Zähne*** und dann wieder zurück zu ***Modul***.

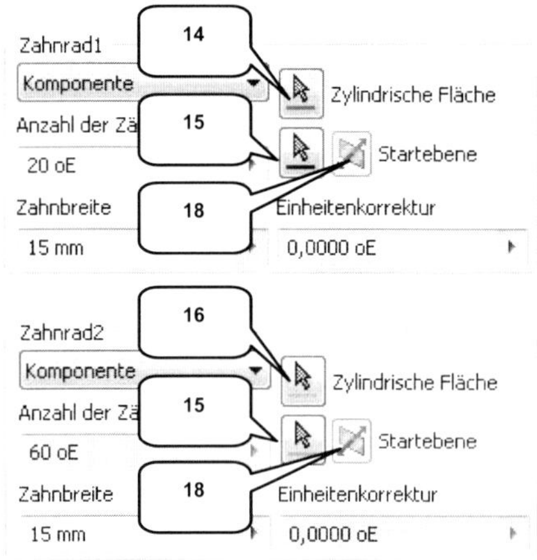

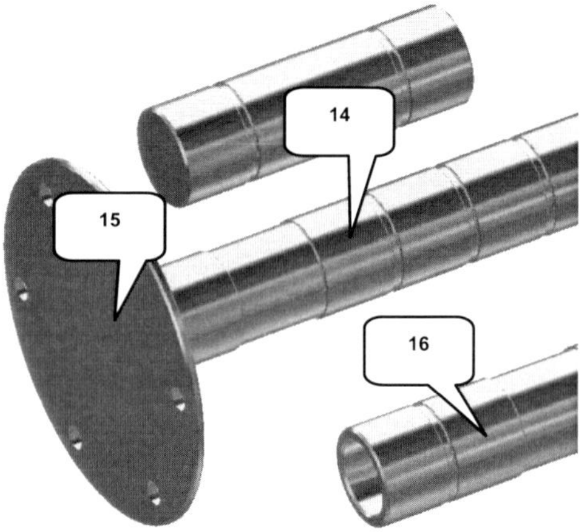

Nachdem die Werte berechnet wurden, können die ***Referenzen*** zur Positionierung der Zahnräder definiert werden. Verwenden Sie die oben markierten zylindrischen Flächen (14, 16) und Startebenen (15).

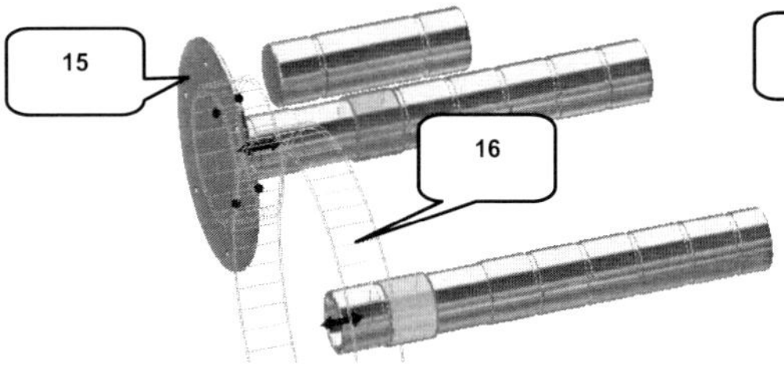

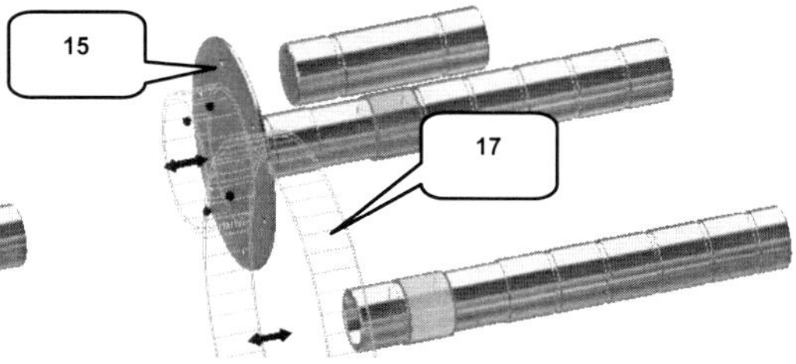

HINWEIS: Achten Sie darauf, dass das Zahnradpaar, rechts neben der Startfläche (15) angeordnet wird (16). Sollte dies nicht der Fall sein (17), muss der Befehl ***Seite umkehren*** (18) zur Korrektur verwendet werden (separat für jedes Zahnrad).

Der Befehl kann jetzt mit OK ***OK*** bestätigt werden und das Zahnradpaar wird berechnet. Die neu generierte Baugruppe ***Stirnräder.iam*** (19) sollte im Modellbaum automatisch als ***flexibel*** (20) gekennzeichnet worden sein werden. Sollte dies nicht der Fall sein, muss es manuell nachgeholt werden (***rechte Maustaste*** > ***Flexibel***).

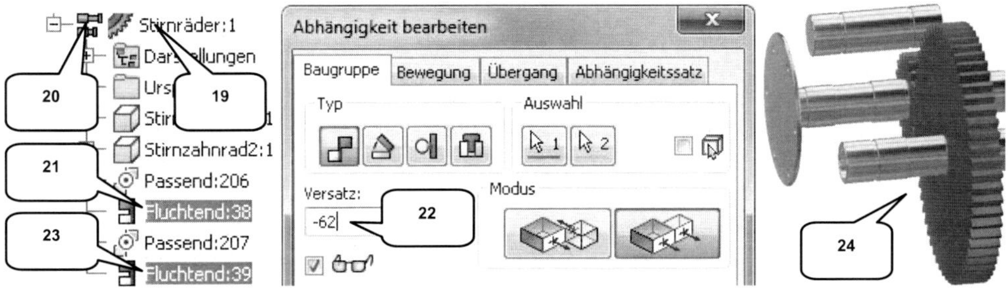

Überprüfen Sie die Flexibilität des Zahnradpaares, indem eines der Zahnräder bei gedrückter linker Maustaste gedreht wird. Beide Zahnräder sollten sich jetzt drehen. Die Achsen wurden den Zahnrädern bereits zugeordnet, die genaue Position des Zahnradpaares auf den Wellen muss allerdings noch festgelegt werden.

Klappen Sie die Baugruppe ***Stirnräder.iam*** (19) im Modellbaum auf. Bereits während der Konstruktion wurden die Zahnräder auf den Wellen positioniert, allerdings müssen die Abstände zu den Seitenflächen noch korrigiert werden. Bearbeiten Sie die erste Abhängigkeit ***Fluchtend*** (21) (***rechte Maustaste*** > ***Bearbeiten***) und ändern Sie den Versatzwert auf ***-62 mm*** (22).

Das Zahnrad sollte jetzt in Richtung Achsmitte (24) versetzt werden. Ändern Sie anschließend den Versatzwert des zweiten Zahnrades (23) auf ebenfalls ***-62 mm*** (22).

HINWEIS: Sollten die Zahnräder nicht in Richtung Wellenmitte, sondern außerhalb der Wellen positioniert worden sein, müssen die Vorzeichen der Versatzwerte auf positiv geändert werden (+62 mm).

4.5.3 Konstruktion der Zahnradpaare der restlichen Vorwärtsgänge

Für die folgenden drei Zahnradpaare der Vorwärtsgänge zwei, drei und vier, ist die Vorgehensweise identisch. Wiederholen Sie die vorherige Befehlskette und übernehmen Sie die Werte und Einstellungen aus den folgenden Abbildungen.

Die Zahnradpaarung des zweiten Ganges (1) erfordert ein Übersetzungsverhältnis von ***2:1*** (2), bei ***30*** Zähnen (3) für Zahnrad 1. Die Reihenfolge der Werteeingabe sollte parallel zu der des ersten Zahnradpaares erfolgen.

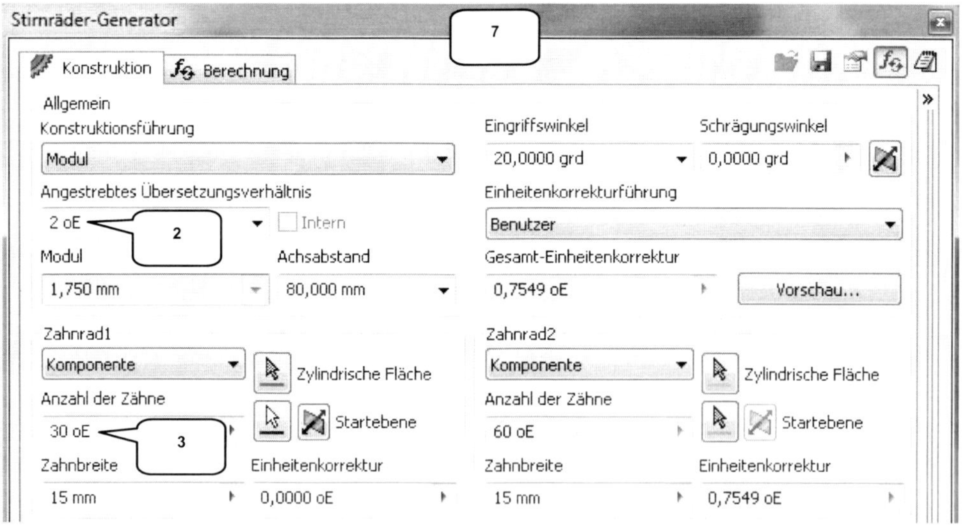

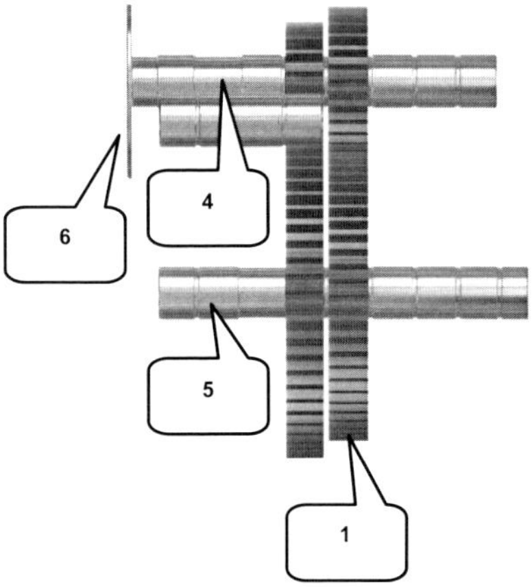

Als ***Referenzen*** für die ***zylindrischen Flächen*** (4), (5) und die ***Startebene*** (6), können dieselben geometrischen Elemente wie beim ersten Zahnradpaar verwendet werden. Alle Werte und Einstellungen sind der oberen Abbildung (7) zu entnehmen.

Nachdem das Zahnradpaar berechnet wurde, müssen auch hier die Versatzwerte der beiden fluchtenden Abhängigkeiten geändert werden. Der neue Versatz soll ***-79 mm*** betragen. Kontrollieren Sie Beweglichkeit und korrekte Position des Zahnradpaares.

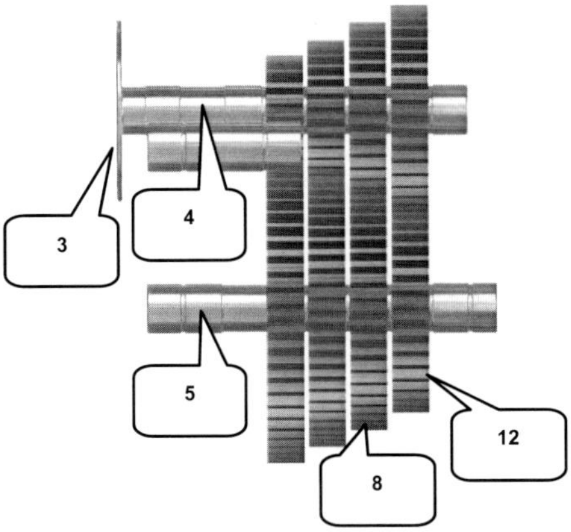

Die Zahnradpaarung des dritten Ganges (8) soll mit einem Übersetzungsverhältnis von ***1,5:1*** (9) und das Zahnrad 1 mit ***33*** Zähnen (10) versehen werden.

Der neue Versatzwert der Zahnräder von der Ursprungsposition (3) soll auf ***-96 mm*** geändert werden. Alle restlichen Werte und Einstellungen sind der folgenden Abbildung (11) zu entnehmen.

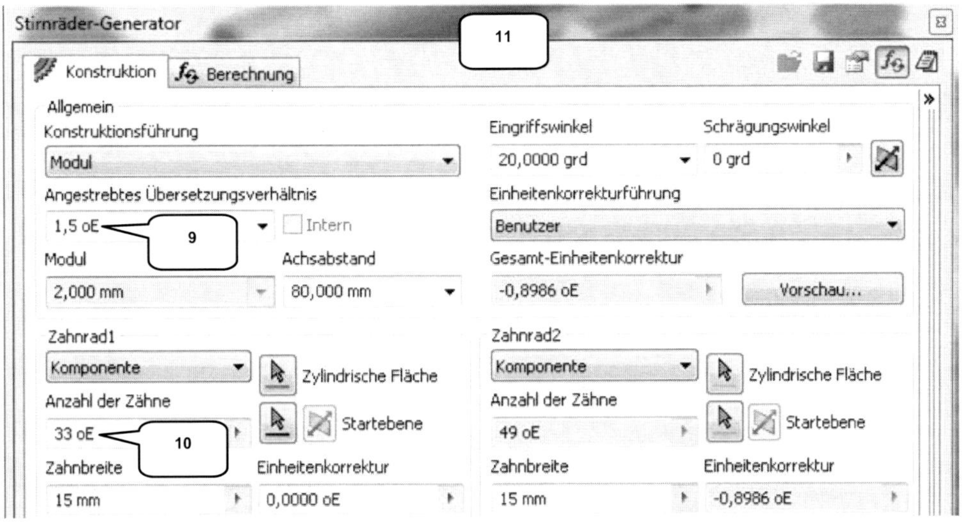

Das Übersetzungsverhältnis der Zahnradpaarung des vierten Ganges (12) beträgt ***1:1*** (13). Dieser Gang wird auch als Direktgang bezeichnet, da die Drehzahlen von Antriebs- und Abtriebswelle identisch sind.

Die Anzahl der Zähne von Zahnrad 1 beträgt ***40*** (14), alle sonstigen Werte und Einstellungen sind Abbildung (15) zu entnehmen. Der Versatz der Zahnräder zur Startebene (3) ist auf ***-113 mm*** zu ändern.

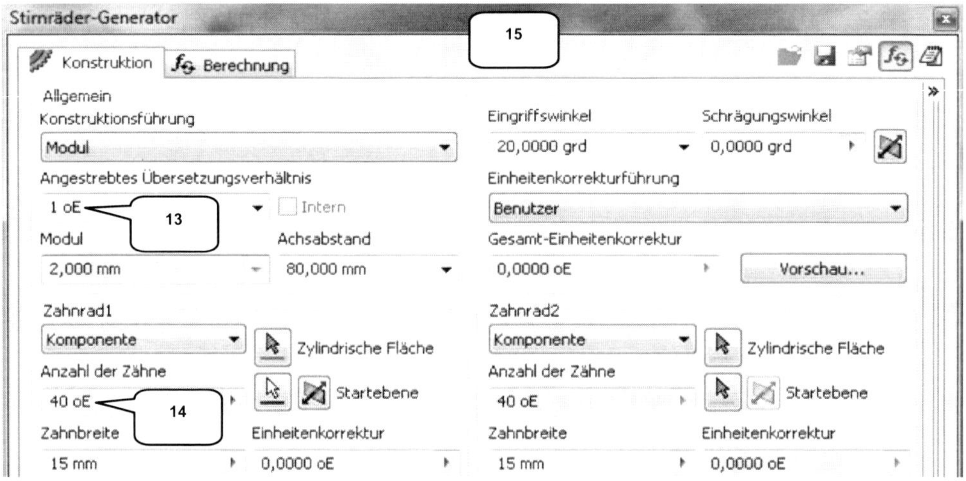

4.5.4 Importieren der Zahnräder für den Rückwärtsgang

Der Rückwärtsgang stellt in seiner Konstruktion eine Besonderheit dar. Da die Drehrichtung der Abtriebswelle geändert werden soll, muss der Kraftfluss über eine zusätzliche Welle (Rücklaufwelle) geführt werden. Da der Stirnräder-Generator keine Möglichkeit bietet, mehr als zwei Stirnräder zeitgleich zu konstruieren, sollen hierfür Vorlagen aus dem Projektordner verwendet werden.

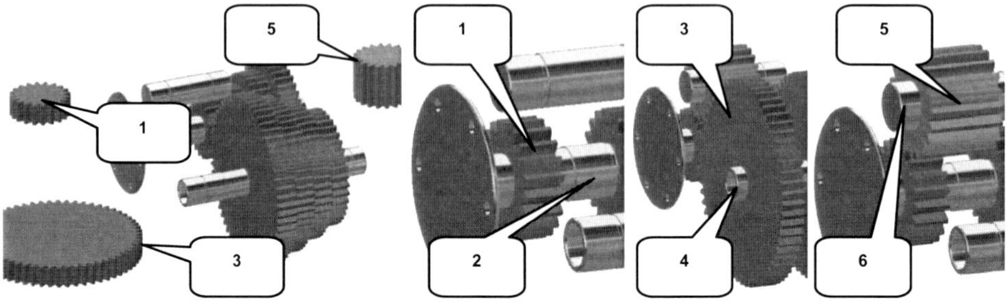

Platzieren Sie die Bauteile ***Rückwärtsgang-Stirnzahnrad1.ipt***, ***Rückwärtsgang-Stirnzahnrad2.ipt*** und ***Rückwärtsgang-Stirnzahnrad3.ipt*** aus dem Projektordner und legen Sie diese jeweils einmal in der Baugruppe frei ab. Setzen Sie anschließend drei axiale ***Abhängigkeiten***. Das Zahnrad (1) ist auf der Antriebswelle (2), das Zahnrad (3) auf der Abtriebswelle (4) und das Zahnrad (5) auf der Rücklaufwelle (6) axial zu positionieren.

Alle drei Zahnräder sind im Anschluss mit einer fluchtenden ***Abhängigkeit***, zu der markierten Seitenfläche (7) der Antriebswelle zu versehen.

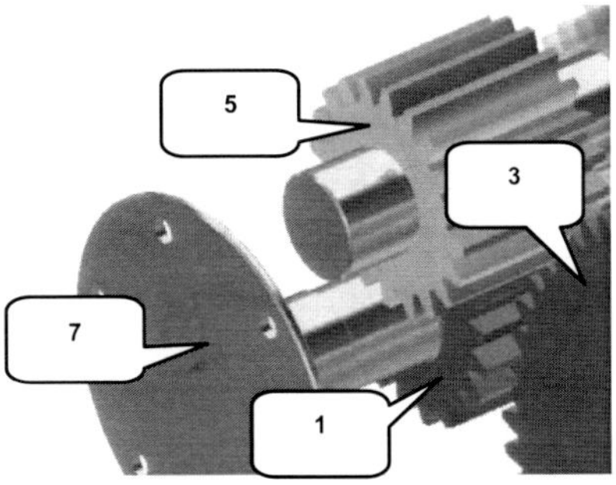

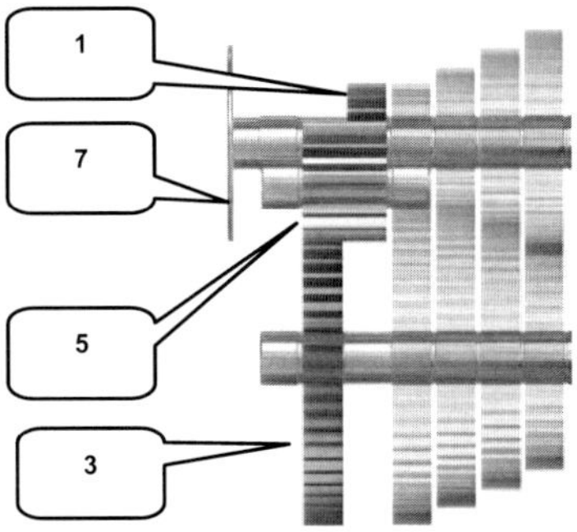

Das Zahnrad auf der Antriebswelle (1) soll einen Versatz von ***-45 mm*** zur Seitenfläche (7) erhalten, die beiden Zahnräder (3, 5) sind jeweils mit einem Versatz von ***-28 mm*** zu versehen. ***Speichern*** Sie die Hauptbaugruppe anschließend.

4.5.5 Wellen und Zahnräder mit Bewegungsabhängigkeiten versehen

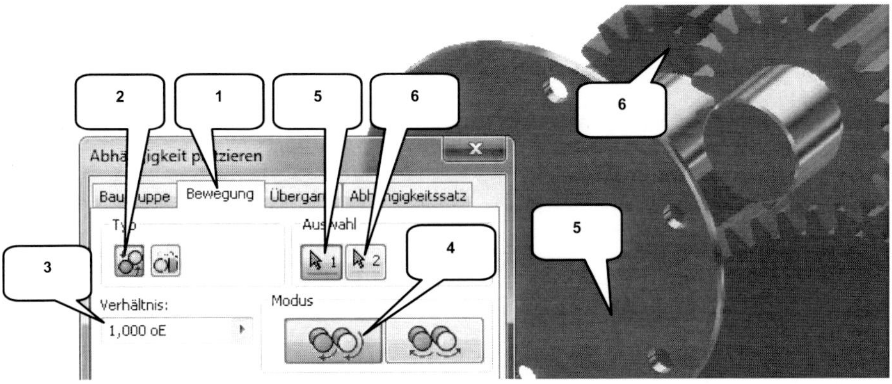

Nachdem alle Stirnräder in die Baugruppe eingefügt wurden, müssen sie noch mit Bewegungsabhängigkeiten versehen werden. Im ersten Schritt sollen alle Zahnräder der Antriebswelle mit dieser fest verbunden werden. Dies erreichen wir durch eine Bewegungsabhängigkeit zwischen den Zahnrädern und der Welle.

Starten Sie den Befehl ***Abhängig machen*** und wechseln Sie zum Register ***Bewegung*** (1). Aktivieren Sie den Typ ***Drehung*** (2), ein Verhältnis von ***1:1*** (3) und den Modus ***Vorwärts*** (4). Als ***Auswahl 1*** soll die markierte Fläche der Antriebswelle (5) verwendet werden, als ***Auswahl 2*** die Stirnfläche des markierten Zahnrades (6). Bestätigen Sie den Befehl mit Anwenden ***Anwenden*** und wiederholen Sie die Befehlskette bei den restlichen vier Zahnrädern (7...10) der Antriebswelle.

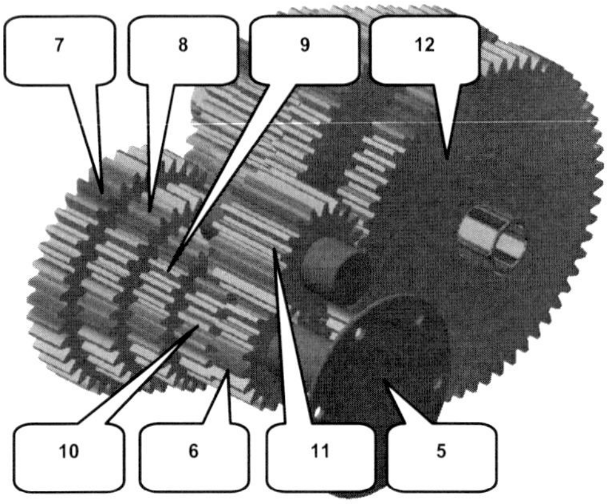

Drehen Sie die Welle (5) anschließend bei gedrückter linker Maustaste. Die Zahnräder darauf sollten sich analog dazu bewegen. Jetzt sind die drei Zahnräder des Rückwärtsgangs voneinander abhängig zu machen. Zur besseren Ansicht sind sie vorab zu isolieren. Markieren Sie die drei Zahnräder des Rückwärtsgangs (6, 11, 12) und isolieren Sie sie (***rechte Maustaste*** > ***Isolieren***).

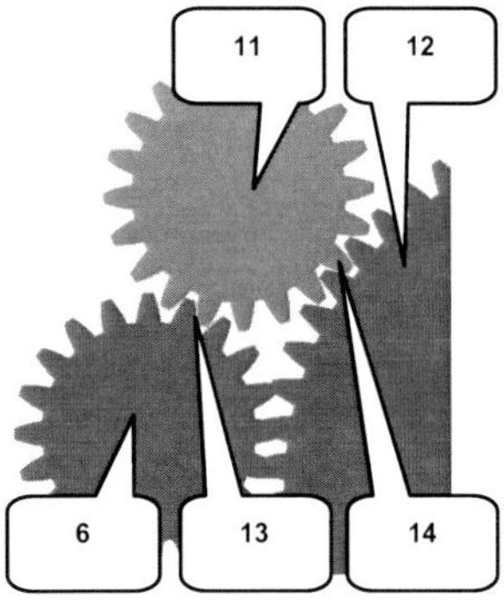

Wechseln Sie am ***ViewCube*** zur Ansicht ***VORNE*** (15). Zoomen Sie die Schnittstelle der beiden kleinen Zahnräder (13) heran und drehen Sie diese, bis die Zähne kollisionsfrei ineinandergreifen. Drehen Sie anschließend das große Zahnrad (12), bis dessen Zähne kollisionsfrei mit denen des Zahnrades (11) auf der Rücklaufwelle ineinandergreifen (14).

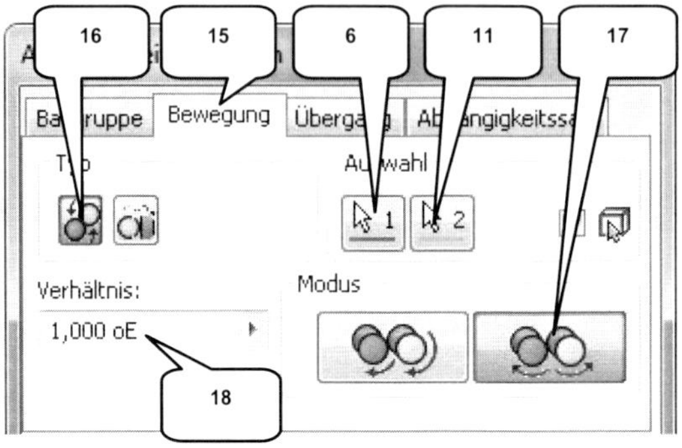

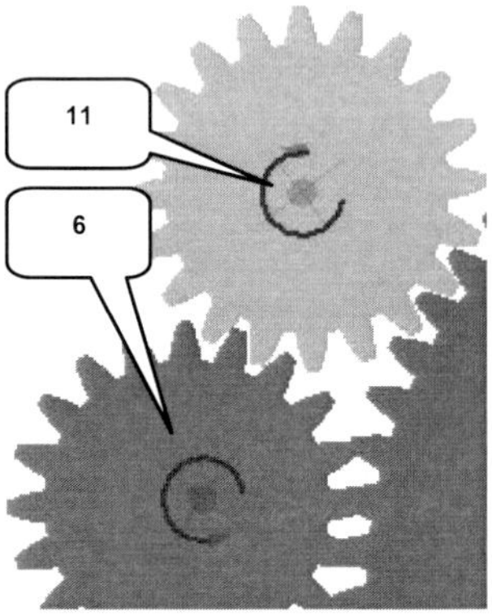

Starten Sie den Befehl ***Abhängig machen***, aktivieren Sie das Register ***Bewegung*** (15) und verbinden Sie die beiden Zahnräder (6) und (11) miteinander. Verwenden Sie den Typ ***Drehung*** (16), den Modus ***Rückwärts*** (17) und ein Übersetzungsverhältnis von ***1:1*** (18). Bestätigen Sie die Eingaben durch Anwenden ***Anwenden***.

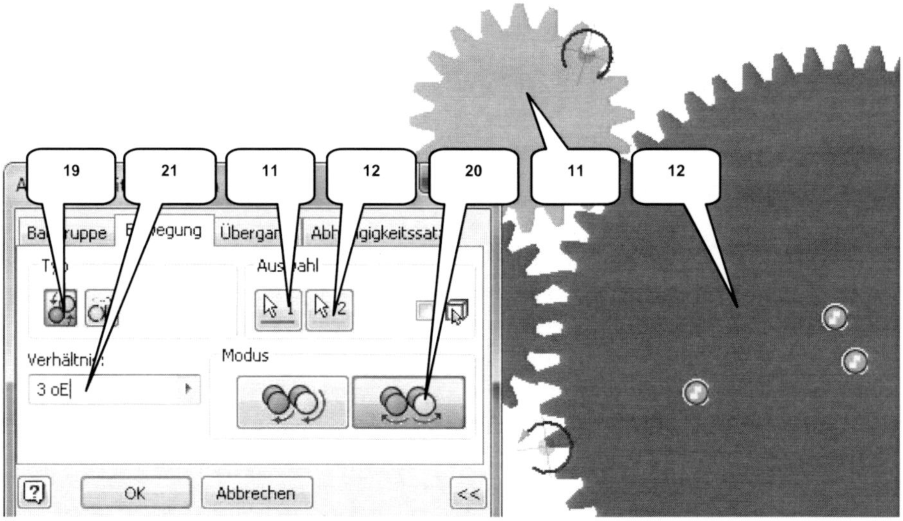

Setzen Sie eine weitere Bewegungsabhängigkeit zwischen den beiden Zahnrädern (11) und (12). Verwenden Sie den Typ ***Drehung*** (19), den Modus ***Rückwärts*** (20) und ein Übersetzungsverhältnis von ***3:1*** (21). Bestätigen Sie die Eingaben durch OK ***OK***.

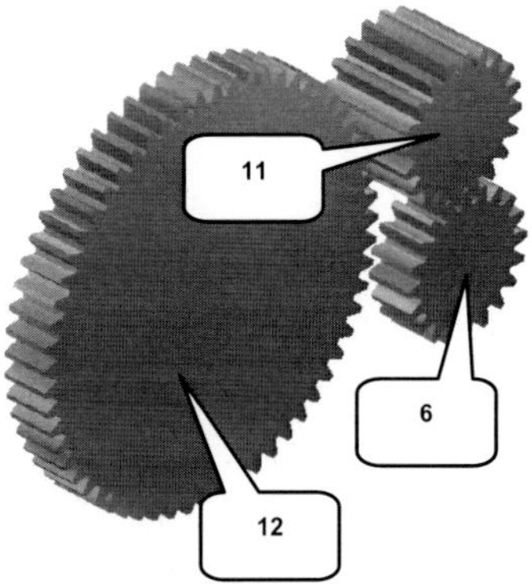

Drehen Sie eines der Zahnräder, um die Bewegungsabhängigkeiten zu testen. Das Zahnradpaar (6) und (11) sowie das Zahnradpaar (11) und (12) sollten ineinandergreifen und sich analog zur Drehrichtung bewegen. Alle ausgeblendeten Komponenten der Hauptbaugruppe können jetzt wieder eingeblendet werden. Markieren Sie im Modellbaum alle grau hinterlegten Komponenten (nicht das Bauteil ***Motorradrahmen.ipt***) und wählen Sie die Option ***Sichtbarkeit*** der ***rechten Maustaste***, um diese Komponenten wieder einzublenden. Markieren Sie im Modellbaum alle Stirnräder und weisen Sie ihnen die Farbe ***Chrom-poliert-schwarz*** zu.

Nachdem die Antriebswelle mit ihren Zahnrädern verbunden wurde, soll die Abtriebswelle mit einem darauf angeordneten Zahnrad durch eine Bewegungsabhängigkeit verbunden werden.

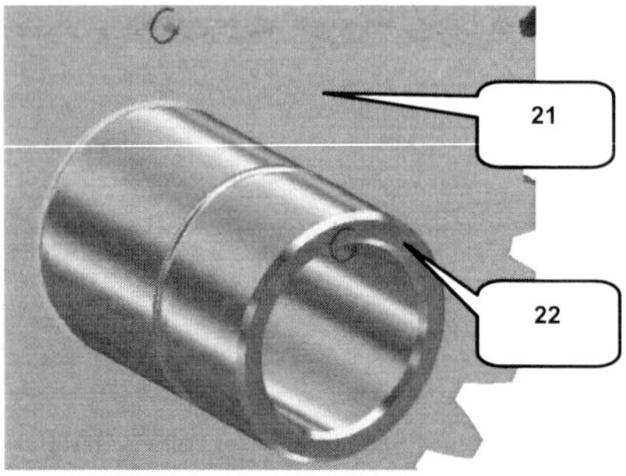

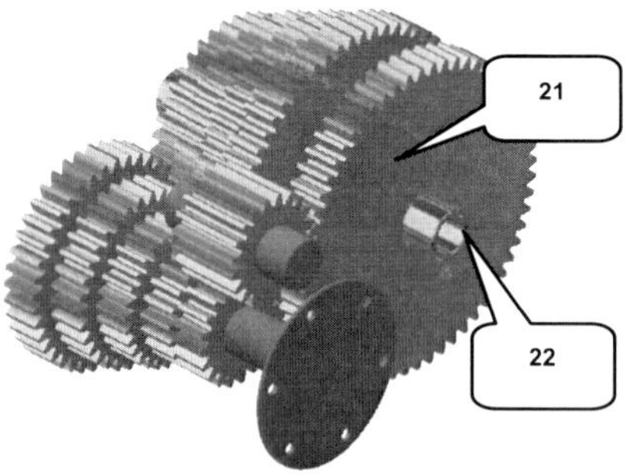

Starten Sie den Befehl ***Abhängig machen*** und wechseln Sie erneut ins Register ***Bewegung***.

Aktivieren Sie den Typ ***Drehung***, den Modus ***Vorwärts***, und geben Sie ein Übersetzungsverhältnis von ***1:1*** ein. Als ***Referenz*** der ***Auswahl 1*** ist die Seitenfläche des markierenden Zahnrades (21) und als ***Referenz*** der ***Auswahl 2*** die Ringfläche der Abtriebswelle (22) zu verwenden.

Speichern Sie die gesamte Baugruppe, um alle gesetzten Abhängigkeiten zu sichern.

4.6 Konstruktion des Kegelradgetriebes

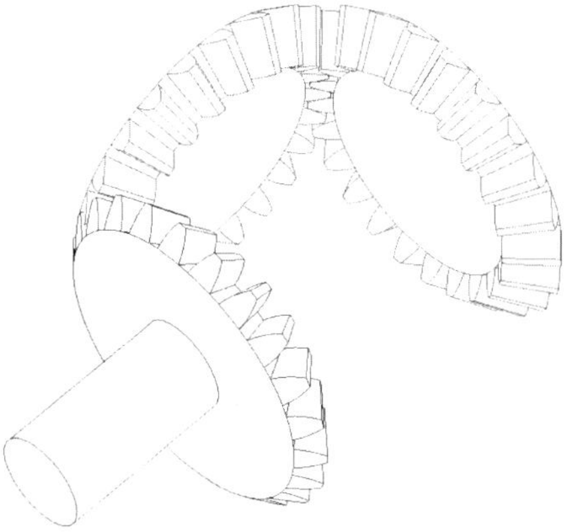

Durch die Abtriebswelle verläuft eine Rollenkette, welche den Ziehkeil bewegt. Diese Konstruktion erfordert genügend Platz an den Seiten der Welle, um die Kette, welche durch Kettenräder geführt wird, in die Welle hinein- und wieder herausbewegen zu können. An einem Ende der Welle soll daher ein zusätzliches Kegelradgetriebe (bestehend aus drei jeweils um 90° zueinander angeordneten Kegelrädern) konstruiert werden. Dieses Getriebe wird den erhöhten Platzbedarf ermöglichen und die Drehrichtung der Abtriebswelle erneut umkehren.

Mit dem ***Kegelräder-Generator*** können nur Kegelradpaare (bestehend aus zwei Kegelrädern) konstruiert werden. Das in unserem Übungsbeispiel benötigte dritte Kegelrad wird später aus dem Projektordner hinzugefügt. Vor der Konstruktion des Kegelradgetriebes müssen weiterhin eine Welle und ein Kugellager erzeugt/ eingefügt werden.

4.6.1 Welle und Lager zur Platzierung der Kegelräder erzeugen

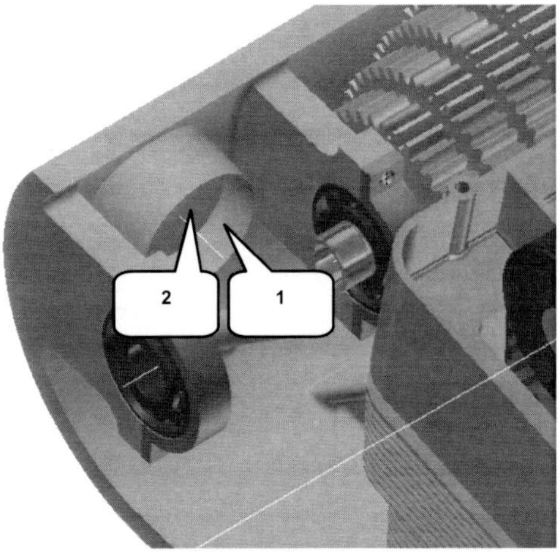

Starten Sie den ***Wellen-Generator***.

Verwenden Sie als ***Referenz*** für die ***zylindrische Fläche*** die markierte Zylinderfläche (1) und als ***Referenz*** für die ***planare Startfläche*** die markierte Fläche (2).

Die Referenzen finden Sie im hinteren Teil des Getrieberaumes im Motorgehäuse. Erstellen Sie danach die drei dargestellten Wellenabschnitte samt Fasen und Rundungen.

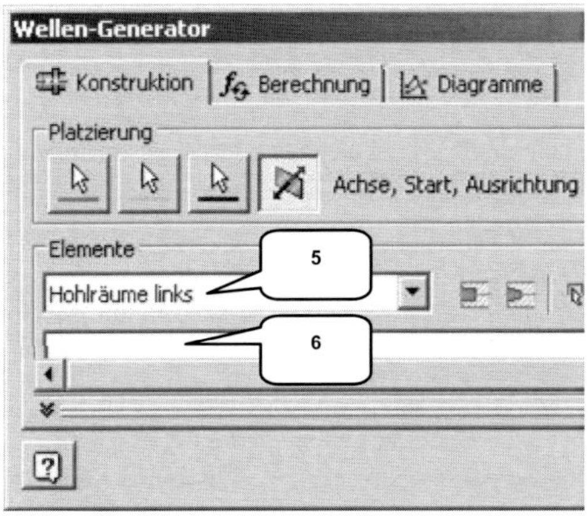

Die beiden ***Fasen*** sind mit der Option ***Abstand*** und einem Wert ***0,5 mm*** zu versehen, die beiden ***Rundungen*** mit einem jeweiligen Radius von ***0,5 mm***.

Achten Sie auf die korrekte Richtung: die Welle muss, von der Startebene aus, in Richtung Getriebeinnenraum zeigen (3).

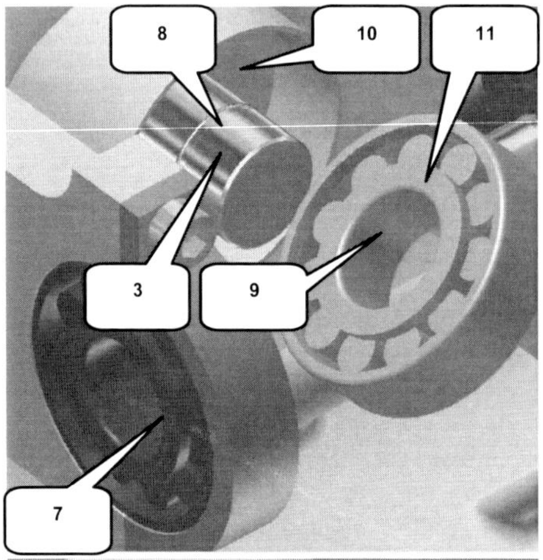

Eine Korrektur ist ggf. mittels ***Seite umkehren*** (4) möglich. Stellen Sie sicher, dass in der Option ***Hohlräume links*** (5) keine Durchgangsbohrung mehr aktiv ist (6). Bestätigen Sie den Befehl und weisen Sie der Welle anschließend die Farbe ***Chrom-poliert-blau*** zu.

Markieren Sie das Lager (7) und kopieren Sie es ein Mal (***rechte Maustaste*** > ***Kopieren***, ***rechte Maustaste*** > ***Einfügen***). Setzen Sie zwei ***Abhängigkeiten***, um das neue Lager zu positionieren.

Die Achsen der beiden Zylinderflächen (8) und (9) sollten miteinander verbunden werden und die beiden Flächen (10) und (11) sollten passend anliegen. Das gewünschte Ergebnis ist in Abbildung (12) zu sehen.

Weisen Sie dem neuen Lager abschließend die Farbe ***Blau*** zu und **speichern** Sie die Baugruppe.

4.6.2 Befehlsgrundlagen KEGELRÄDER-GENERATOR

Der ***Kegelräder-Generator*** (1) kann grundlegend mit dem Stirnräder-Generator verglichen werden. Die Vorgehensweise bei der Berechnung ist ähnlich, nur dass die Kegelräder nicht parallel zueinander liegen, sondern in einem definierten Winkel zueinander angeordnet sind.

4.6.2.1 Register KONSTRUKTION

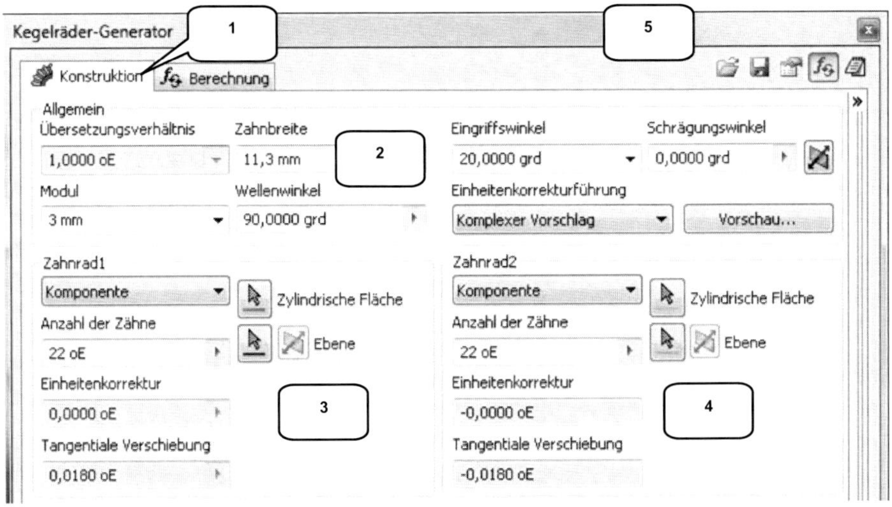

INHALT

Der Register ***Konstruktion*** ermöglicht die Vorgabe der Konstruktionsbedingungen und eine Platzierung der Kegelräder auf vorhandene geometrische Elemente der Baugruppe.

OPTIONEN

1) Register: Konstruktion/ Berechnung
2) Allgemeine Grundeinstellungen
3) Geometrie Kegelrad 1
4) Geometrie Kegelrad 2
5) Berechnungswerte, Berechnung aktivieren/ deaktivieren, Dateibenennung aktivieren, Berechnungswerte zurücksetzen

4.6.2.2 Register BERECHNUNG

INHALT

Im Register ***Berechnung*** können Methode der Festigkeitsberechnung, Belastungen der Kegelräder, Materialwerte und die erforderliche Gebrauchsdauer definiert werden.

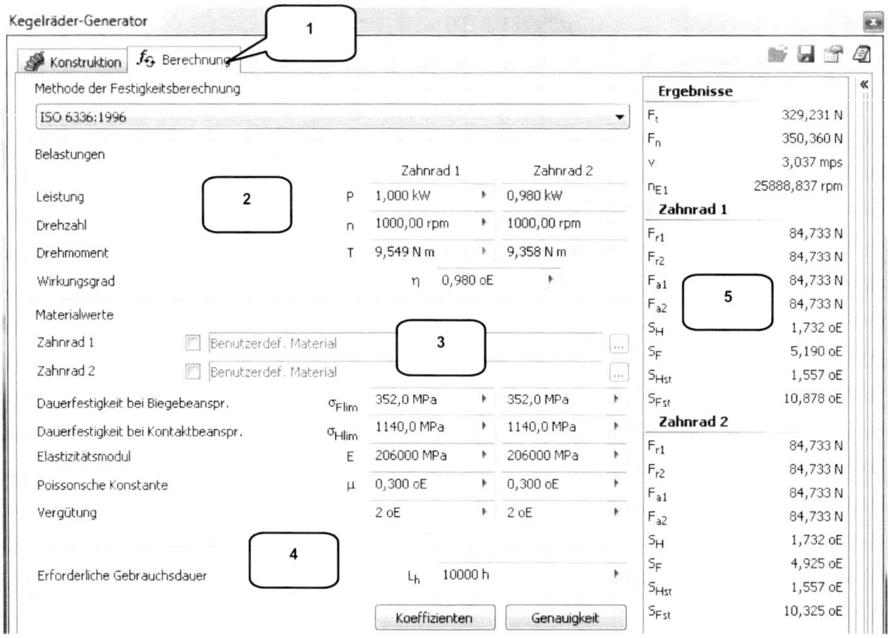

OPTIONEN

1) Register: Konstruktion/ Berechnung
2) Belastung
3) Material
4) Gebrauchsdauer
5) Ergebnisdarstellung

4.6.3 Konstruktion des Kegelradgetriebes

Starten Sie den ***Kegelräder-Generator*** und übernehmen Sie alle Werte und Einstellungen aus der folgenden Abbildung (1). ***Berechnen*** Sie die Ergebnisse und bestätigen Sie den Befehl mit ***OK***.

Die Positionierung eines Kegelradgetriebes könnte theoretisch bereits während des Befehls erfolgen. Da hierbei leider häufig Probleme auftreten (trotz korrekter Angabe der Referenzen werden die Kegelradpaare falsch positioniert), sollen die Kegelräder manuell positioniert werden.

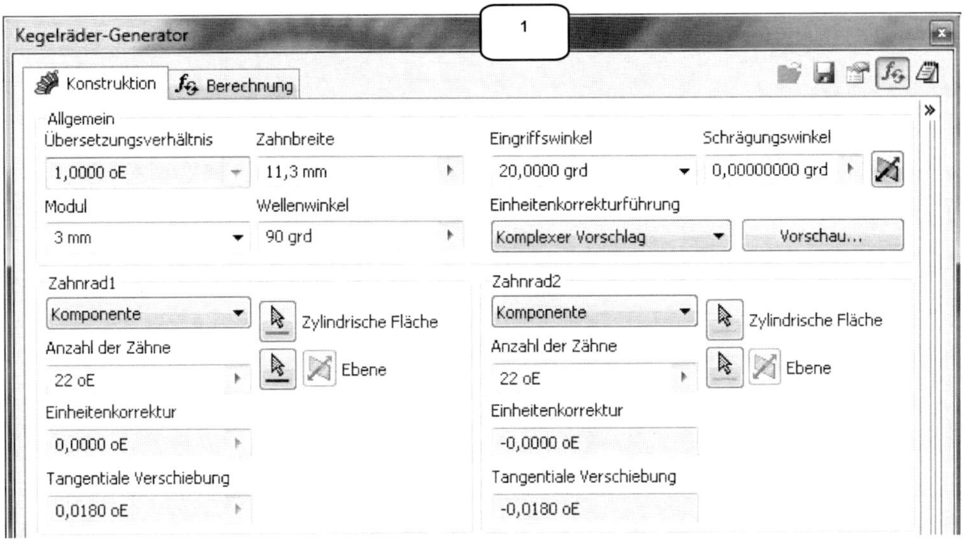

Legen Sie das Kegelradpaar frei im Zeichenbereich ab (2) und richten Sie es etwas aus. Hierfür muss die Kegelradbaugruppe markiert, die ***Taste: G*** gedrückt und beide Kegelräder bei gedrückter linker Maustaste gedreht werden, bis in etwa die dargestellte Position (3) erreicht wurde.

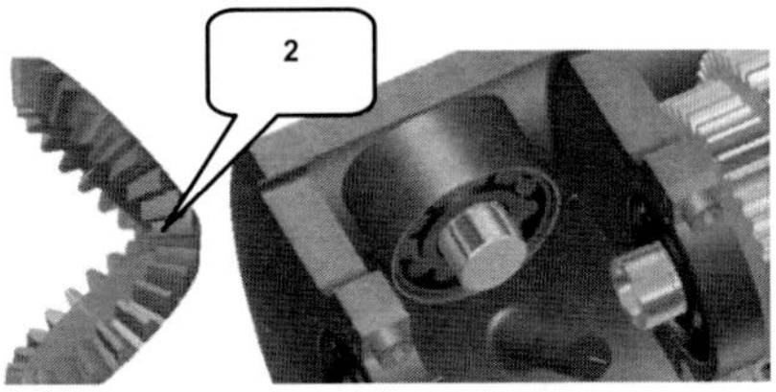

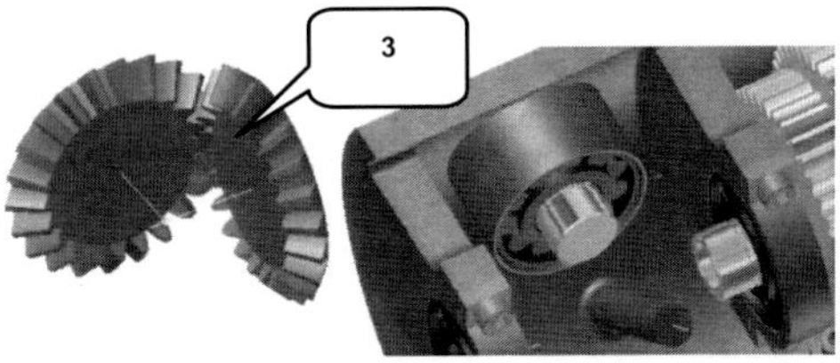

Da beide Kegelräder in Winkel und Abstand zueinander festgelegt sind, müssen lediglich die Achsen der Kegelräder auf die Wellen gelegt werden.

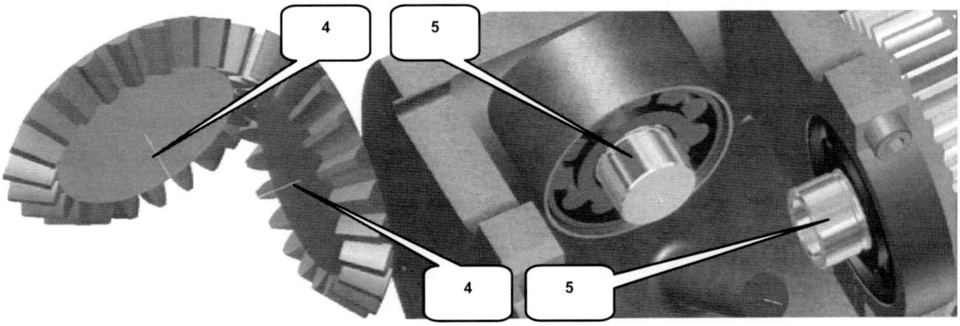

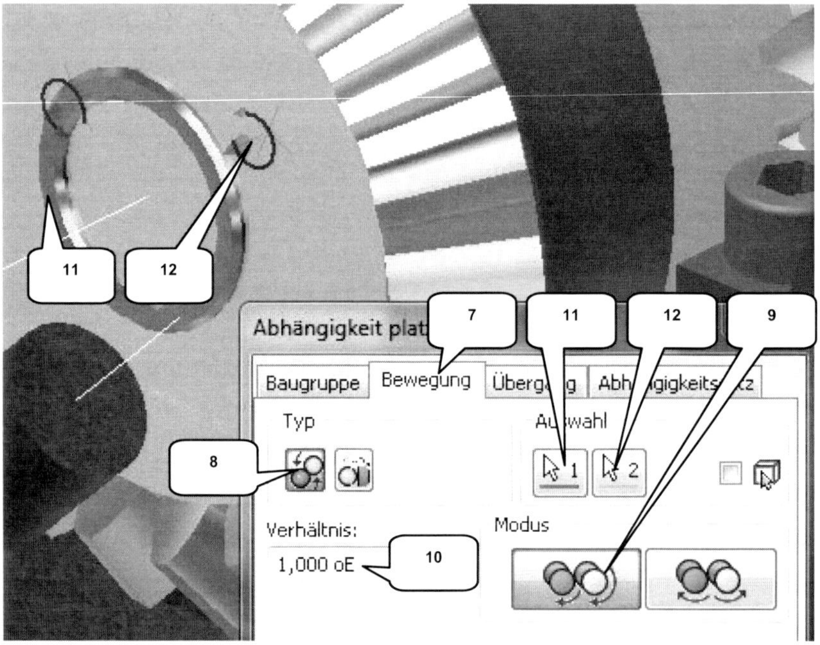

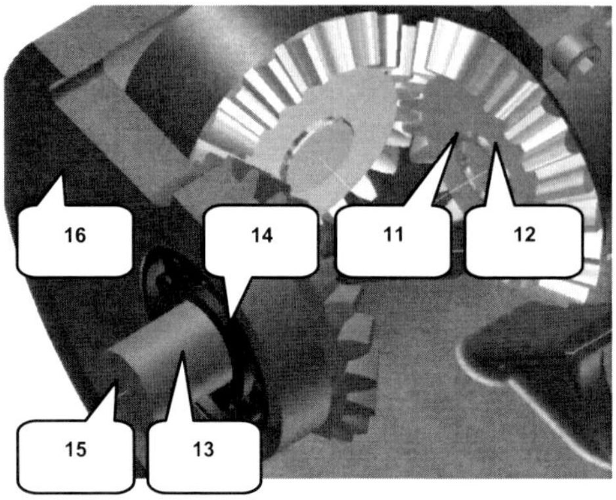

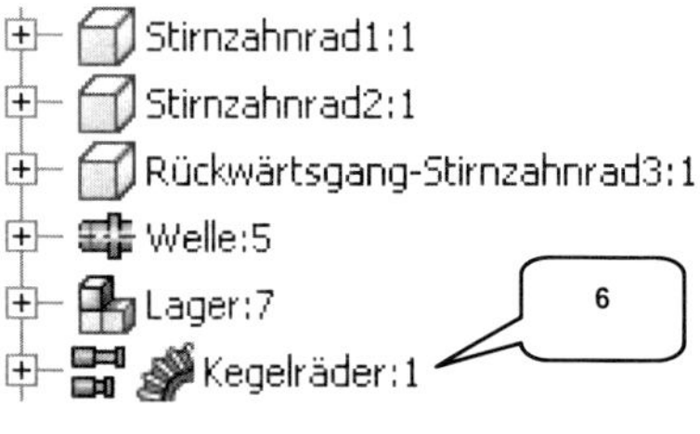

Erzeugen Sie ***Abhängigkeiten*** zwischen den markierten Achsen der Kegelräder (4) und den zylindrischen Flächen der Wellen (5). Da Kegelradpaare nicht automatisch flexibel in die Baugruppe eingefügt werden, muss das manuell nachgeholt werden. Markieren Sie die Baugruppe ***Kegelräder.iam*** (6) im Modellbaum und aktivieren Sie mit der ***rechten Maustaste*** darauf die Option ***Flexibel***.

Starten Sie den Befehl ***Abhängig machen*** im Register ***Bewegung*** (7). Aktivieren Sie den Typ ***Drehung*** (8), den Modus ***Vorwärts*** (9), das Übersetzungsverhältnis ***1:1*** (10) und erzeugen Sie eine Abhängigkeit zwischen der Abtriebswelle (11) und dem markierten Kegelrad (12).

Platzieren Sie das Bauteil ***Abtrieb-Kegelrad-außen.ipt*** aus dem Projektordner und legen Sie es einmal frei im Zeichenbereich ab. Um der neuen Komponente ihren Platz in der Baugruppe zuzuweisen, müssen zwei weitere ***Abhängigkeiten*** erzeugt werden. Die Welle des neuen Kegelrades (13) soll axial mit der Zylinderfläche des markierten Lagers (14) verbunden werden. Die Stirnfläche der Welle (15) soll in einem Abstand von ***-22 mm*** fluchtend zur markierten Seitenfläche des Getriebes (16) positioniert werden.

HINWEIS: Die Welle (13) des zuletzt eingefügten Kegelrades sollte jetzt aus dem Getrieberaum herausragen. Wenn nicht ist der Abstand auf ***+22 mm*** zu korrigieren!

Vor dem Setzen einer Bewegungsabhängigkeit zwischen dem zuletzt eingefügten Kegelrad und den beiden anderen Kegelrädern muss es ausgerichtet werden. Markieren Sie alle drei Kegelräder und isolieren Sie diese (***rechte Maustaste*** > ***Isolieren***).

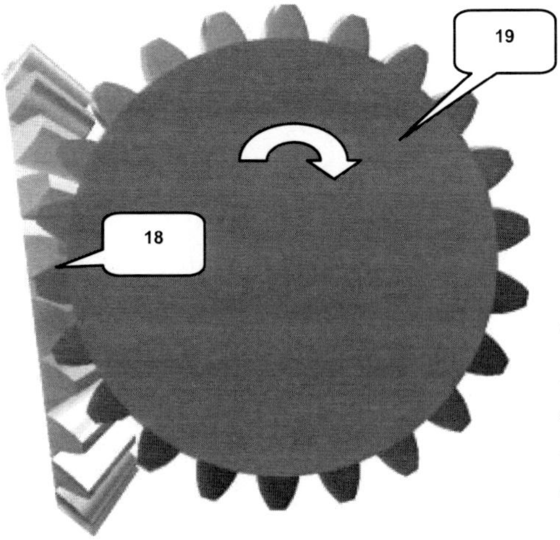

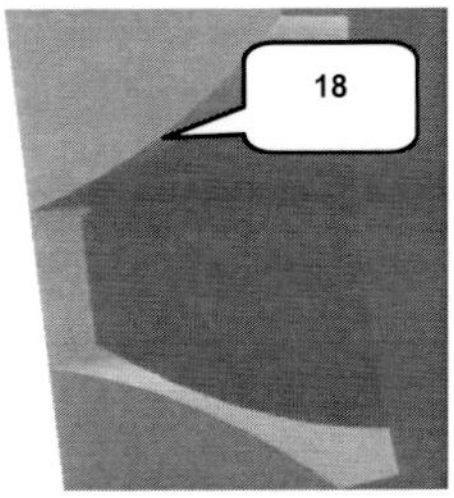

Wechseln Sie am ***ViewCube*** zur Ansicht ***HINTEN*** (17), vergrößern Sie die Schnittstelle der beiden jetzt sichtbaren Kegelräder (18) und drehen Sie das Kegelrad (19) etwas, bis die Zähne beider Kegelräder kollisionsfrei ineinandergreifen.

Das Kegelrad (19) darf jetzt nicht mehr bewegt werden. Drehen Sie die gesamte Ansicht etwas und erzeugen Sie eine weitere Bewegungsabhängigkeit. Starten Sie den Befehl ***Abhängig machen*** im Register ***Bewegung*** (20). Aktivieren Sie den Typ ***Drehung*** (21), den Modus ***Vorwärts*** (22), das Übersetzungsverhältnis ***1:1*** (23) und erzeugen Sie eine Abhängigkeit zwischen den Kegelradflächen (24) und (25).

Alle drei Kegelräder können jetzt markiert und mit der Farbe ***Chrom-poliert-schwarz*** versehen werden. Beenden Sie die Isolierung (***rechte Maustaste*** > ***Isolieren rückgängig***) und ***speichern*** Sie die Baugruppe abschließend.

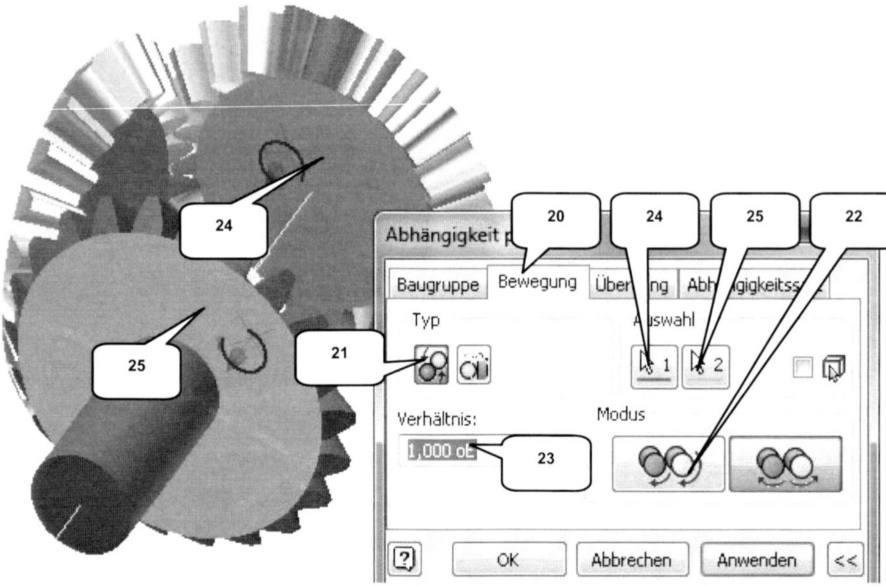

4.7 Rollenketten erzeugen

Rollenketten werden im technischen Bereich sehr häufig verwendet, um Drehbewegungen und Kräfte sicher übertragen zu können. In unserem Übungsbeispiel sollen insgesamt zwei Rollenketten konstruiert werden. Die erste Kette wird die Kraftübertragung von der Kurbelwelle auf das Getriebe gewährleisten und muss daher stabil ausgeführt werden. Die zweite Kette wird axial durch die Abtriebswelle verlaufen, um dort den Ziehkeil zu bewegen. Da die Kette einer geringen Beanspruchung unterliegt, wird sie etwas filigraner ausfallen.

4.7.1 Befehlsgrundlagen ROLLENKETTEN-GENERATOR

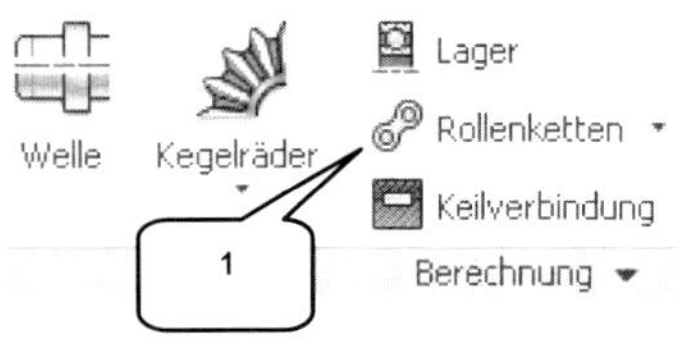

Mit dem ***Rollenketten-Generator*** (1) können Kettenantriebe, bestehend aus Rollenkette, Kettenrädern und Spannrollen, berechnet und konstruiert werden. Das Inhaltscenter stellt eine Auswahl an vorhandenen Rollenketten zur Verfügung. Der Kettenantrieb kann außerdem auf bereits vorhandene geometrische Elemente einer Baugruppe positioniert werden.

4.7.1.1 Register KONSTRUKTION

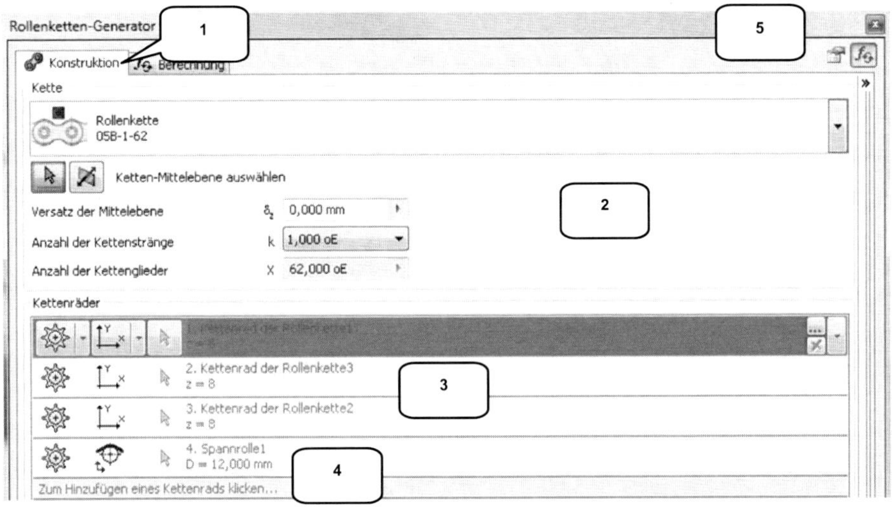

INHALT

Im Register ***Konstruktion*** wird der Kettentyp gewählt, neue Kettenräder und Spannrollen werden erzeugt und auf vorhandenen Referenzen der Baugruppe platziert.

OPTIONEN

1) Register: Konstruktion/ Berechnung
2) Kettentyp, Anzahl Kettenstränge, Kettenantrieb positionieren
3) Kettenräder/ Spannrollen bearbeiten
4) Neue Kettenräder/ Spannrollen erzeugen
5) Dateibenennung und Berechnung aktivieren/ deaktivieren

4.7.1.2 Register BERECHNUNG

INHALT

Das Register ***Berechnung*** ermöglicht die Verwaltung der Arbeitsbedingungen, Ketteneigenschaften und weiterer Randbedingungen.

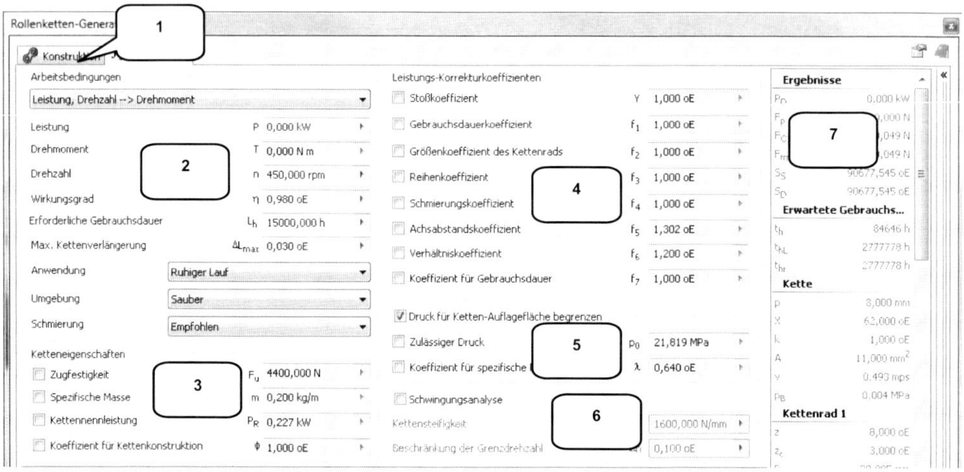

OPTIONEN

1) Register: Konstruktion/ Berechnung
2) Berechnungstyp, Arbeitsbedingungen
3) Ketteneigenschaften
4) Leistung-Korrekturkoeffizienten
5) Auflageflächendruck
6) Schwingungsanalyse
7) Ergebnisberechnung

4.7.2 Konstruktion der Antriebskette

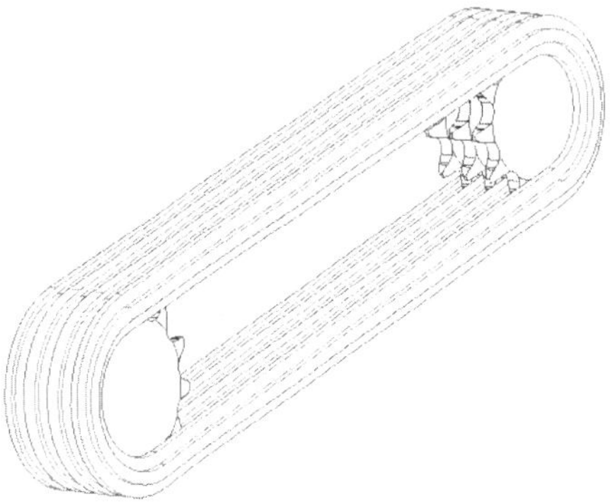

Ein ***Kettenantrieb*** besteht aus der Rollenkette, Kettenrädern und eventuell einem Kettenspanner. Kettenantriebe sind relativ wartungsarm. Aufgrund ihrer Beschaffenheit sind sie sehr langlebig, allerdings weniger geräuscharm als ein Zahnriemenantrieb. Kettenantriebe müssen regelmäßig geschmiert werden. Der Austausch eines Kettenantriebes ist (je nach Belastung) relativ selten erforderlich.

Die Antriebskette muss aufgrund ihrer starken Belastung sehr stabil ausgeführt werden, was durch eine höhere Anzahl an Kettensträngen realisiert werden kann. Aufgrund des kurzen Übertragungsweges ist die Verwendung eines Kettenspanners nicht erforderlich.

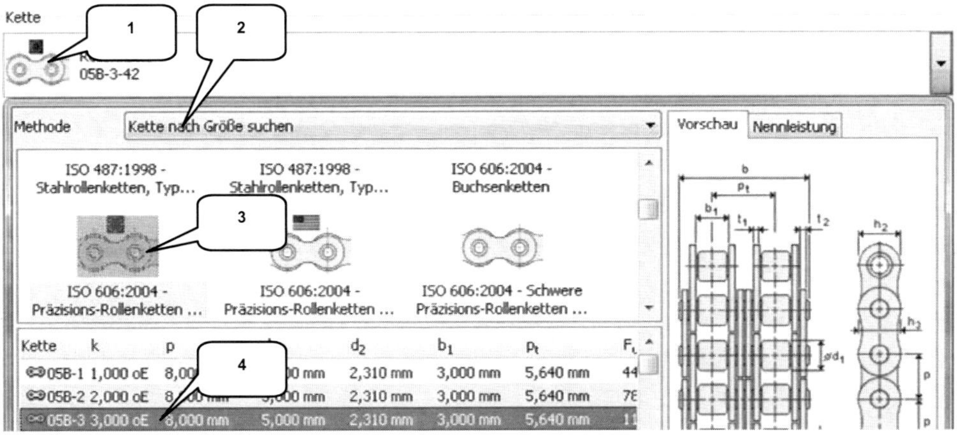

Starten Sie den ***Rollenketten-Generator*** und klicken Sie auf das ***Kettensymbol*** (1), um den passenden Kettentyp auszuwählen. Im neu geöffneten Auswahlfenster ist die Methode ***Kette nach Größe suchen*** (2) zu aktivieren und der Kettentyp ***ISO 606:2004 – Präzisions-Rollenketten mit kurzer Teilung (EU)*** (3) auszuwählen.

In der darunterliegenden Tabelle ist der Typ ***05B-3*** (4) zu aktivieren und das Fenster kann anschließend ***bestätigt*** werden.

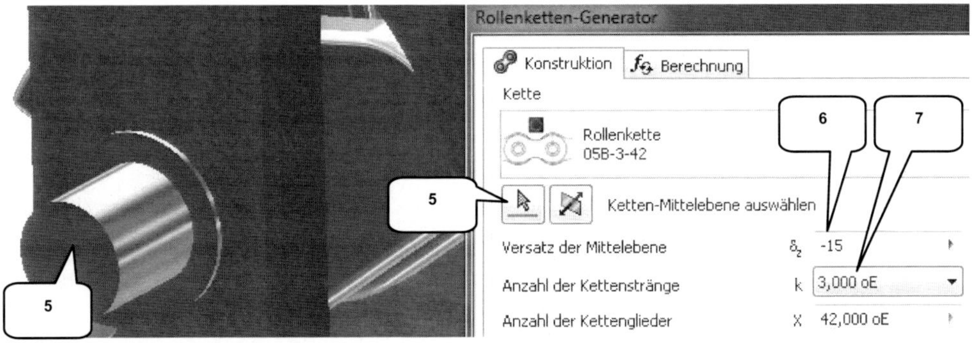

Drehen Sie die gesamte Ansicht auf die Seite der Kupplung (***ViewCube-Ansicht***: ***VORNE***) und wählen Sie als ***Referenz*** für die ***Ketten-Mittelebene*** die markierte Seitenfläche der Kurbelwelle (5).

Im Eingabefeld ***Versatz der Mittelebene*** muss der Wert ***-15 mm*** (6) eingetragen werden. Im Eingabefeld ***Anzahl der Kettenstränge*** sollte der Wert ***3*** (7) bereits eingestellt sein. Die ***Anzahl der Kettenglieder*** wird vom Programm eigenständig berechnet.

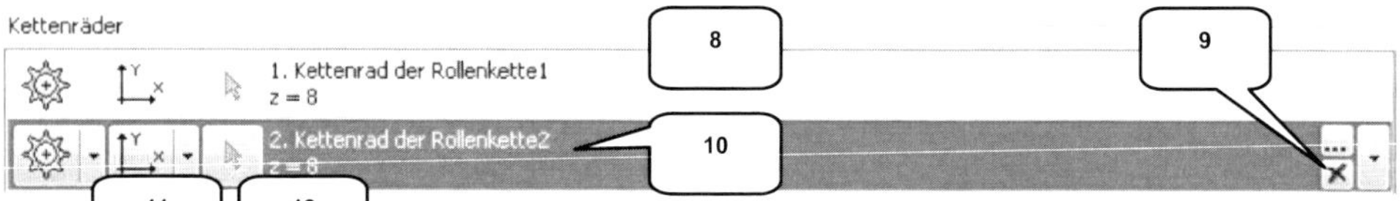

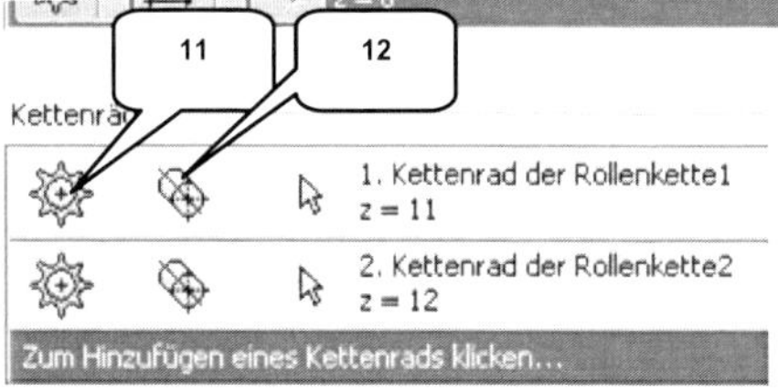

Im Bereich ***Kettenräder*** (8) sollten, je nach Voreinstellung des Programms, zwei oder mehr Kettenräder angezeigt werden. Sollten es mehr als zwei Räder sein, entfernen Sie alle bis auf die ersten beiden. Hierfür ist die jeweilige Zeile zu aktivieren und dann auf das Symbol ***Löschen*** (9) zu klicken. Beide Kettenräder müssen vom Typ ***Kettenrad der Rollenkette*** (10) sein.

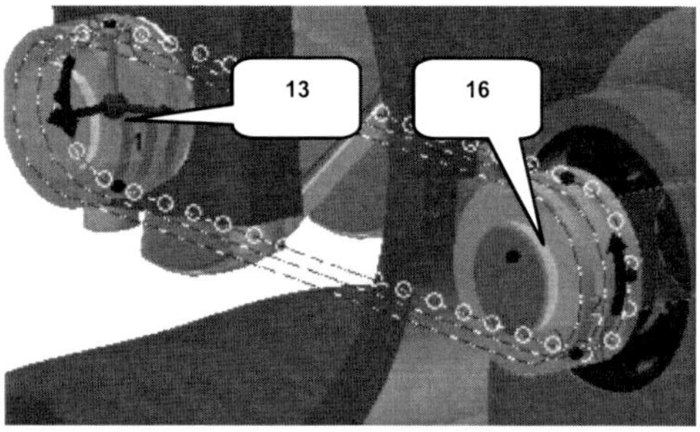

Starten Sie mit der Bearbeitung des ersten Kettenrades. Ganz links in der ***Kettenrad-Geometrieoption*** (11) ist die ***Komponente*** (gelbes Symbol) zu aktivieren. Rechts daneben ist die ***Feste Position über ausgewählte Geometrie*** (12) (gelbes Symbol) zu wählen. Als geometrische ***Referenz*** ist für das erste Kettenrad die Zylinderfläche der Kurbelwelle (13) zu verwenden.

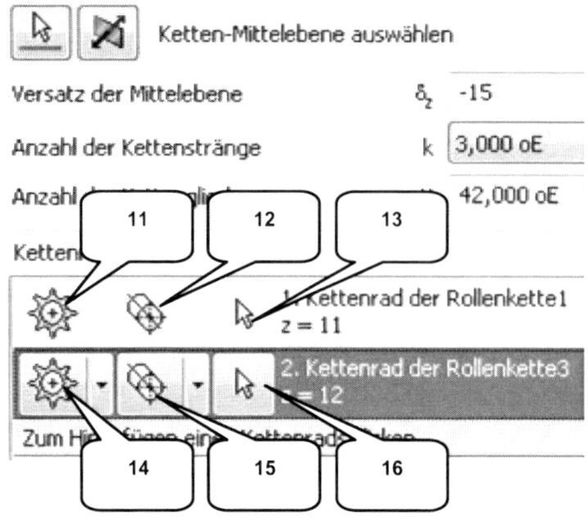

Für das zweite Kettenrad sind ebenfalls die beiden Einstellungen ***Komponente*** (14) und ***Feste Position über ausgewählte Geometrie*** (15) zu übernehmen. Als ***Referenz*** ist diesem Kettenrad ist die Zylinderfläche der Kupplungswelle (16) zuzuweisen. Die Option ***Feste Position über ...*** des zweiten Kettenrades muss jetzt auf ***Frei verschiebbare Position*** (17) geändert werden.

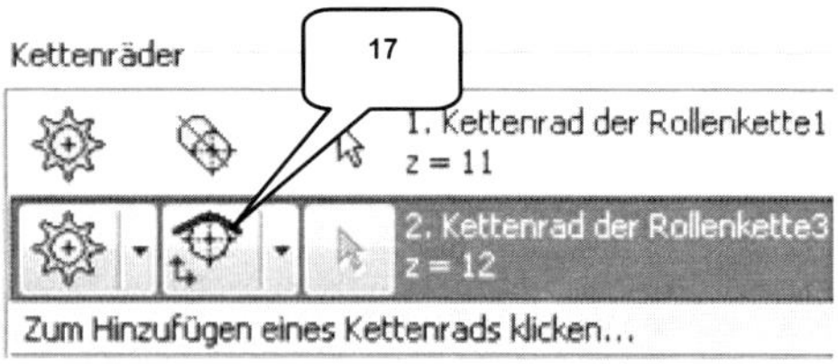

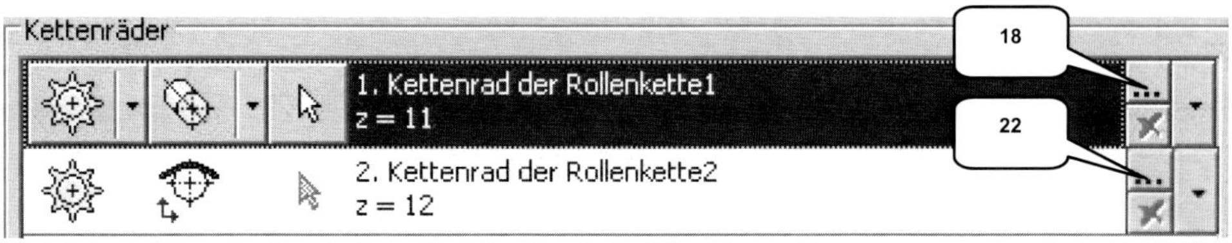

Starten Sie die **_Bearbeitung_** (18) des ersten Kettenrades. Aktivieren Sie die Option **_Bewegung im Uhrzeigersinn_** (19), geben Sie für die Anzahl der Zähne den Wert **_11_** (20) ein und wählen Sie die Zahnform **_Theoretisch_** (21). Das Fenster kann dann mit OK **_OK_** bestätigt werden.

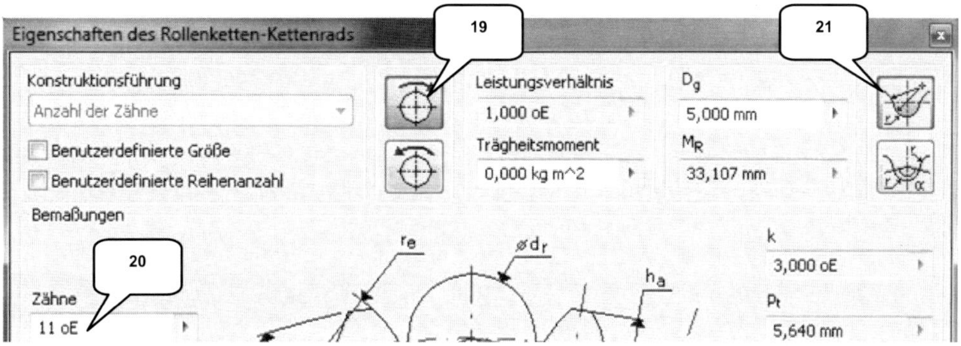

Starten Sie die **_Bearbeitung_** (22) des zweiten Kettenrades und wählen Sie die Konstruktionsführung **_Anzahl der Zähne_** (23). Aktivieren Sie auch hier die Option **_Bewegung im Uhrzeigersinn_** (24), geben Sie für die Anzahl der Zähne den Wert **_12_** (25) ein und wählen Sie die Zahnform **_Theoretisch_** (26). Das Fenster kann dann mit OK **_OK_** bestätigt werden. Wechseln Sie ins Register Berechnung **_Berechnung_**, starten Sie die Berechnen **_Berechnung_** und bestätigen Sie den Befehl mit OK **_OK_**. Die Baugruppe ist anschließend zu **_speichern_**.

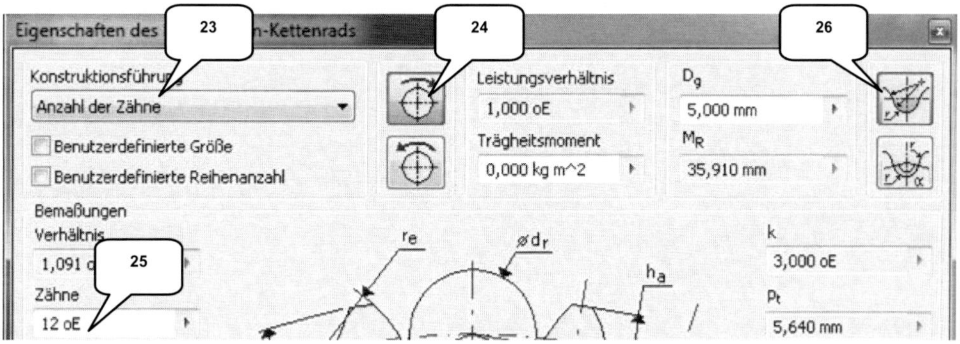

4.7.3 Kettenantrieb mit Bewegungsabhängigkeiten versehen

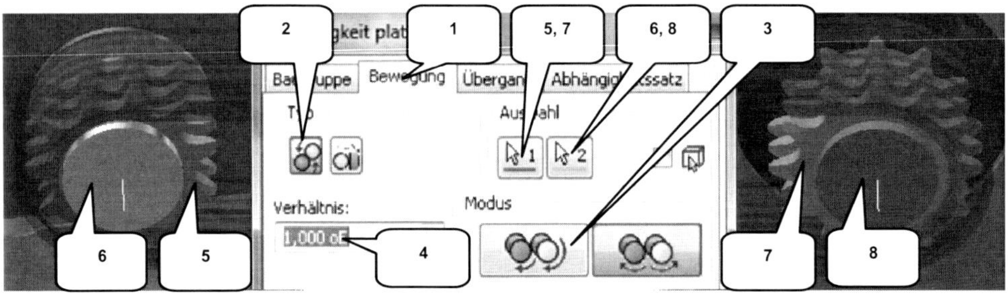

Auch Kettenantriebe werden vom Programm nicht automatisch als flexible Baugruppen erzeugt. Dies muss manuell nachgeholt werden. Markieren Sie den Kettenantrieb und aktivieren Sie die Option ***Flexibel*** der ***rechten Maustaste***.

Um die Kettenräder des Kettenantriebes mit Kurbelwelle und Kupplung zu verbinden, starten Sie den Befehl ***Abhängig machen*** im Register ***Bewegung*** (1). Aktivieren Sie den Typ ***Drehung*** (2), den Modus ***Vorwärts*** (3), das Übersetzungsverhältnis ***1:1*** (4) und erzeugen Sie eine Abhängigkeit zwischen dem linken Kettenrad (5) und der Kurbelwelle (6) sowie zwischen dem rechten Kettenrad (7) und der Kupplung (8). Wenn beide Bewegungsabhängigkeiten richtig gesetzt wurden, dürften sich weder die Kurbelwelle noch eine der Komponenten aus dem Getriebe manuell drehen lassen.

4.7.4 Animation des gesamten Bewegungsapparates

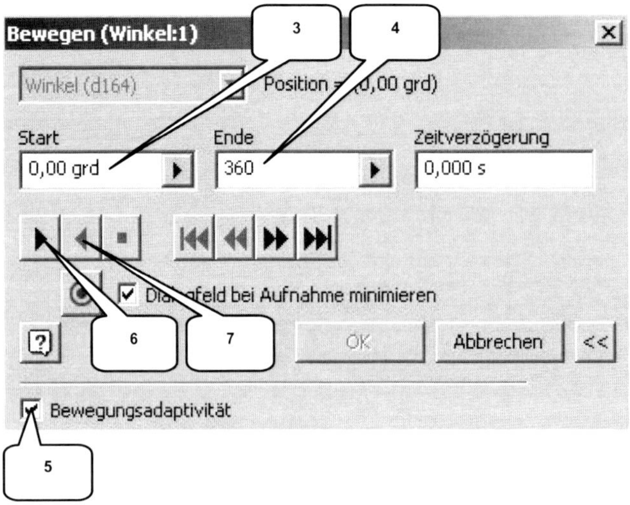

Die Nockenwelle wurde mit einer Winkelabhängigkeit versehen, welche den Freiheitsgrad der Drehbewegung des gesamten Kurbeltriebes unterdrückt.

Diese Abhängigkeit soll in der nächsten Übung verwendet werden, um Kurbeltrieb und Getriebe zu animieren.

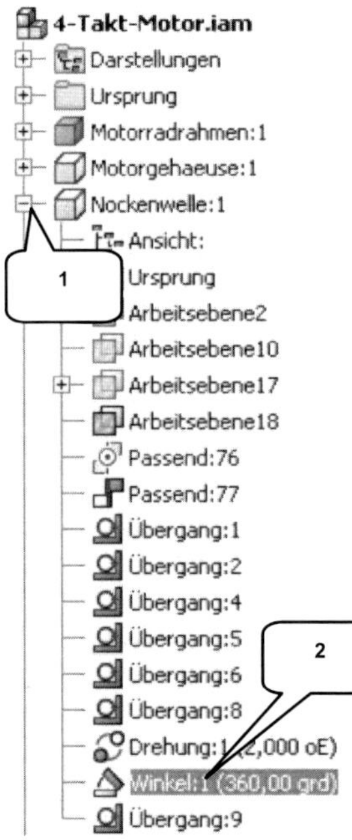

Klappen Sie im Modellbaum das Bauteil ***Nockenwelle.ipt*** (1) auf, klicken Sie mit der ***rechten Maustaste*** auf die ***Winkelabhängigkeit*** (2) und wählen Sie die Option ***Bewegen***.

Im neu geöffneten Eingabefenster ist der Startwinkel auf ***0°*** (3) einzustellen, der Endwinkel auf ***360°*** (4) und die ***Bewegungsadaptivität*** (5) ist zu aktivieren. Die Animation kann jetzt mit ***Vorwärts*** (6) gestartet werden (alternativ ***Rückwärts*** (7)).

Der gesamte Kurbeltrieb und alle Komponenten des Getriebes, sollten sich analog der festgelegten Abhängigkeiten bewegen. Der Befehl kann nach Ablauf der Animation wieder beendet werden.

Speichern Sie die Baugruppe abschließend.

4.7.5 Konstruktion der Rollenkette für die Gangschaltung

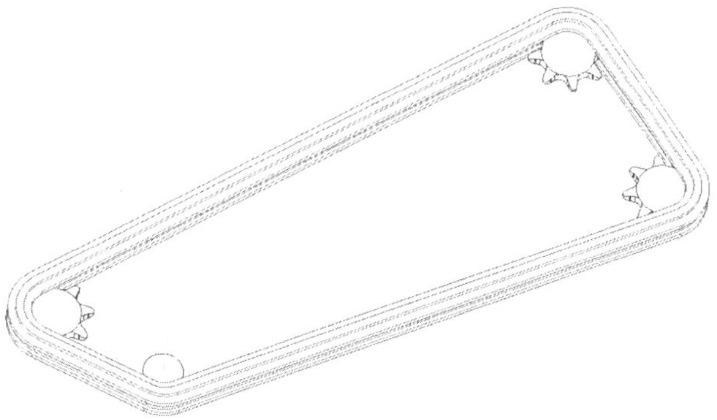

Die Konstruktion der ***Rollenkette*** für die Gangschaltung ist etwas komplexer. Zwar wird diese Rollenkette aufgrund ihrer geringen Belastung weitaus filigraner ausfallen (nur ein Kettenstrang), dennoch müssen hier im Gegensatz zur Antriebskette mehr als zwei Kettenräder verwendet werden, um die Kette durch das Getriebe zu führen.

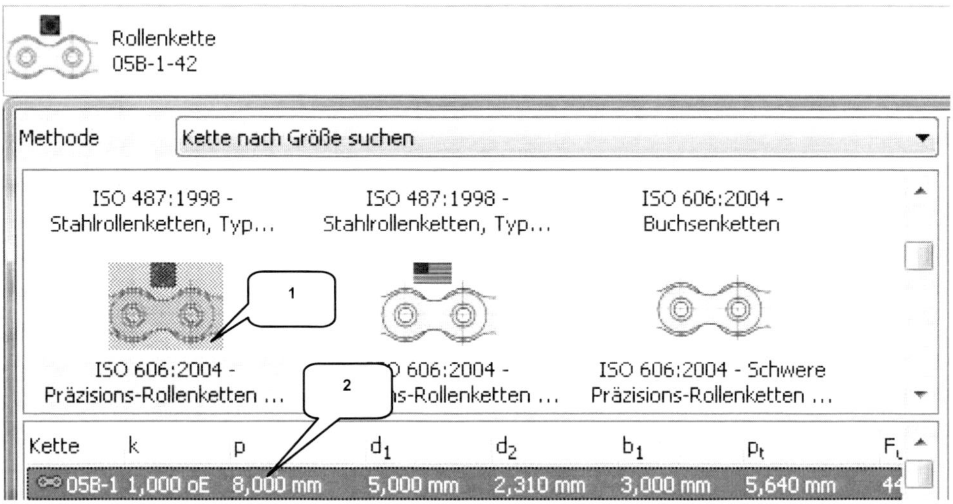

Starten Sie den ***Rollenketten-Generator***, wählen Sie den ***Kettentyp ISO 606:2004 – Präzisions-Rollenketten mit kurzer Teilung (EU)*** (1) und aktivieren Sie in der Tabelle darunter in der ersten Zeile den Typ ***05B-1*** (2). Das Fenster kann anschließend durch ***Bestätigen*** beendet werden.

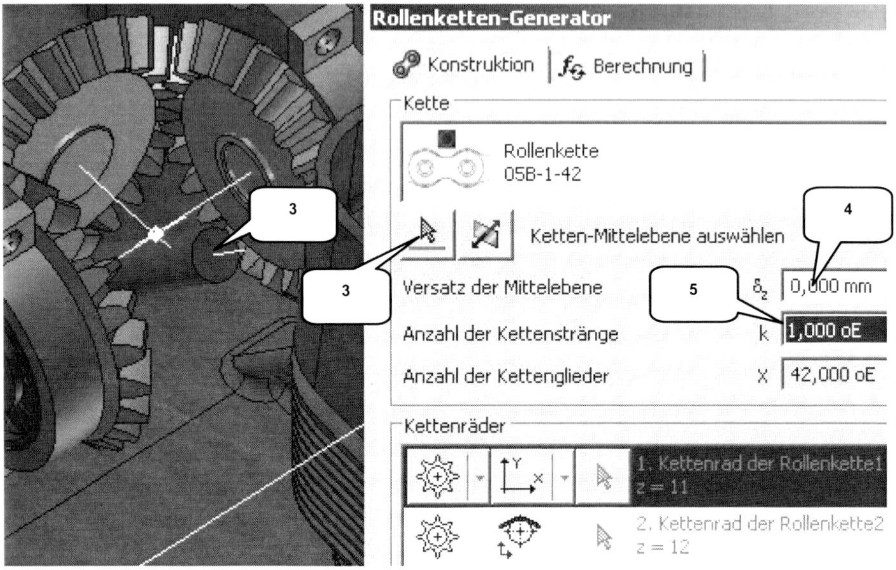

Als ***Ketten-Mittelebene*** ist die markierte Stirnfläche des Zylinders (3) am Motorgehäuse zu verwenden. Der ***Versatz der Mittelebene*** soll ***0 mm*** (4), die ***Anzahl der Kettenstränge*** soll ***1*** (5) betragen. Im Bereich der Kettenräder, müssten bereits zwei Kettenräder voreingestellt sein. Verwenden Sie die Schaltfläche ***Zum Hinzufügen eines Kettenrades klicken…*** (6), um ein drittes ***vorhandenes Kettenrad der Rollenkette*** (7) zu erzeugen. Klicken Sie die Schaltfläche erneut, um weiterhin eine ***flache Spannrolle*** (8) einzufügen. Insgesamt sollten jetzt drei Kettenräder und eine Spannrolle zu sehen sein (9).

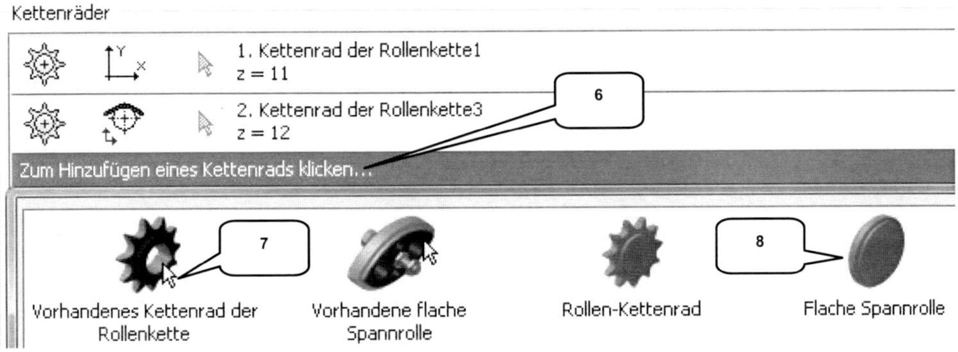

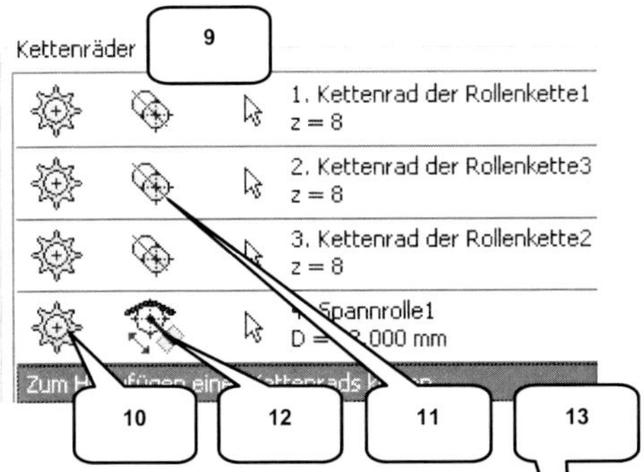

Für alle vier Elemente kann zunächst die Option ***Komponente*** (10) definiert werden. Die drei Kettenräder sind anschließend mit der Option ***Feste Position über ausgewählte Geometrie*** (11) und die Spannrolle mit der Option ***Richtungsbestimmte verschiebbare Position*** (12) zu versehen.

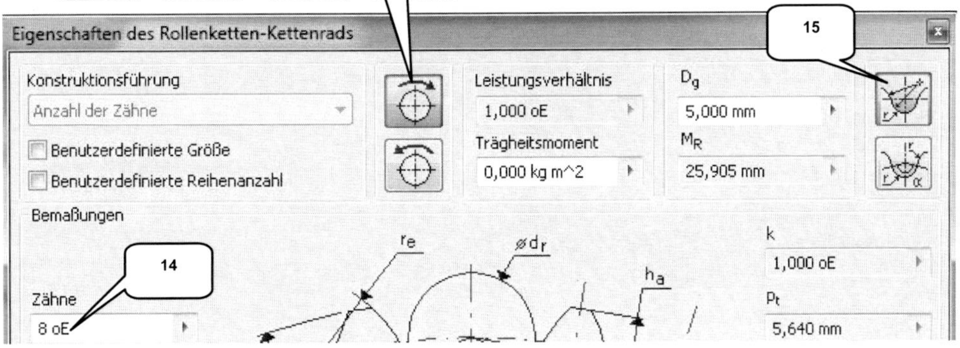

Starten Sie die **_Bearbeitung_** des ersten Kettenrades. Aktivieren Sie die Option **_Bewegung im Uhrzeigersinn_** (13), geben Sie für die Anzahl der Zähne den Wert **_8_** (14) ein und wählen Sie die Zahnform **_Theoretisch_** (15). Das Fenster kann dann mit **_OK_** bestätigt werden. Beginnen Sie anschließend mit der Bearbeitung der restlichen beiden Kettenräder. Alle Werte und Einstellungen sind identisch zu denen des ersten Kettenrades.

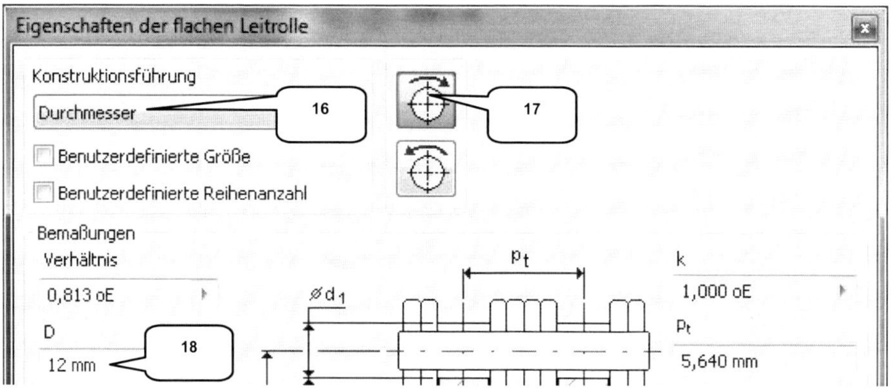

Im Anschluss daran ist die **_Bearbeitung_** der flachen Spannrolle zu starten. Ändern Sie die Konstruktionsführung auf **_Durchmesser_** (16), die Bewegung auf **_Im Uhrzeigersinn_** (17) und den **_Durchmesser_** auf den Wert **_12 mm_** (18).

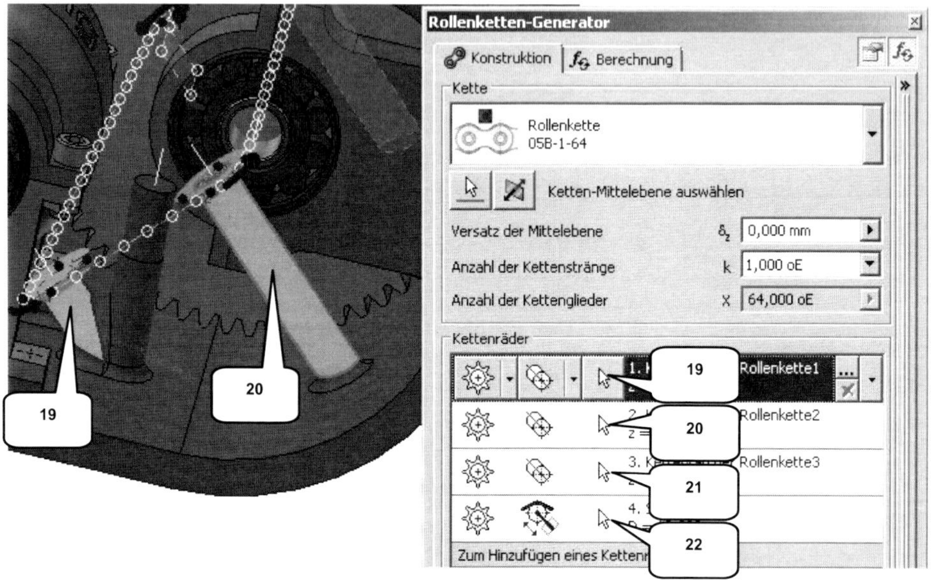

Als *Referenzen* für die beiden ersten Kettenräder sind die markierten zylindrischen Flächen des Motorgehäuses (19, 20) auf der Seite der Kupplung zu verwenden. Als *Referenz* für das dritte Kettenrad ist die markierte zylindrische Fläche (21) des Motorgehäuses auf der Seite der Kegelräder zu aktivieren. Als *Referenz* für die Spannrolle ist die markierte Ebene (22) auf derselben Seite des Motorgehäuses zu verwenden.

HINWEIS: Die Auswahl der Ebene (22) als Referenzobjekt der Spannrolle ist zwingend notwendig, um der Berechnung der korrekten Kettenlänge einen Ausgleich zu ermöglichen. Das Programm kann die genaue Position der Spannrolle entlang der Ebene somit selbst definieren.

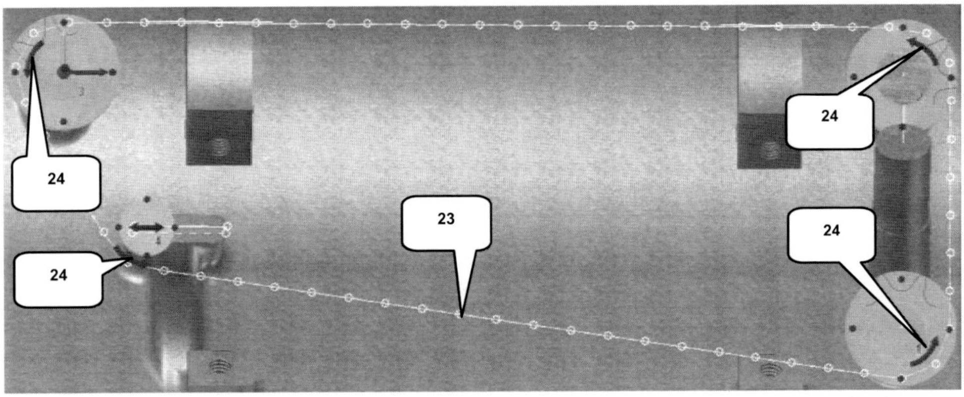

Nachdem Kettenräder und Spannrolle positioniert wurden, muss der Verlauf der Kette (23) kontrolliert werden. Sie muss außen über Ketten und Spannrolle geführt werden. Sollte die Kette an einem der vier Elemente (Spannrolle/ Kettenräder) verdreht sein, ist dies zu korrigieren.

Klicken Sie auf den *gekrümmten Pfeil* eines Elementes (24), um die Lage der Kette und somit ihre Laufrichtung umzukehren. Im Resultat muss die Kette um alle vier Rollen außen herum laufen, wie in der oberen Abbildung dargestellt.

Ändern Sie den Verlauf der Kette an jedem Element, bis die Lage der Kette, so wie in der letzten Abbildung dargestellt, erreicht wurde. Wechseln Sie anschließend ins Register Berechnung ***Berechnung***, starten Sie dort die Berechnen ***Berechnung*** der Kettenlänge, und bestätigen Sie den Befehl mit OK ***OK***. Der neue Kettenantrieb sollte dann als ***Flexibel*** (***rechte Maustaste*** > ***Flexibel***) gekennzeichnet und die gesamte Baugruppe ***gespeichert*** werden.

4.7.6 Kettenschaltung mit Schalthebel und Kegelradpaar versehen

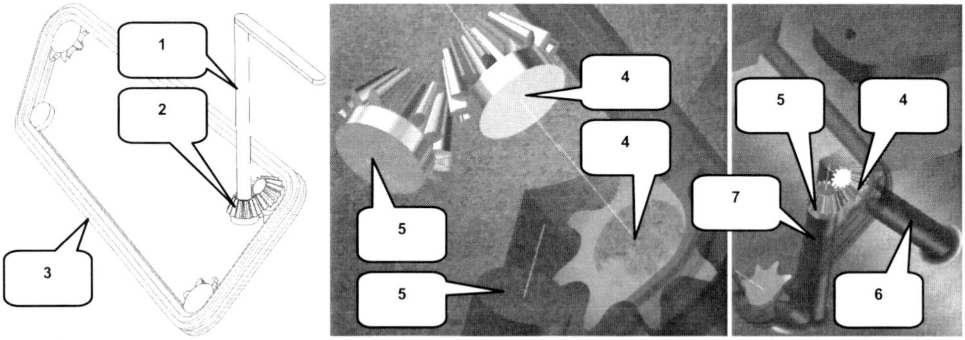

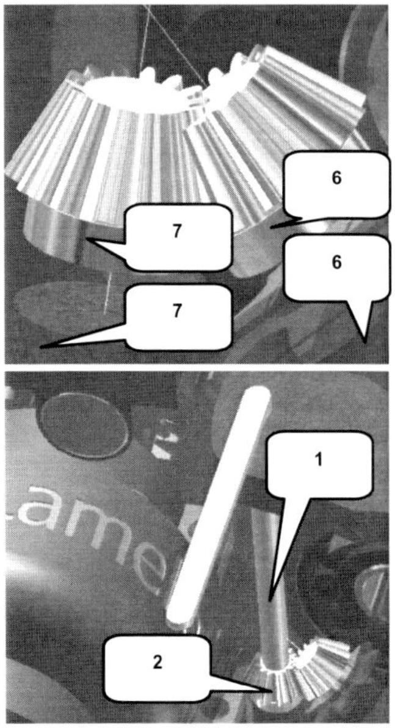

Um die Kettenschaltung außerhalb des Getriebegehäuse bedienen zu können, soll ein zusätzlicher langer Ganghebel (1) in die Baugruppe eingefügt werden. Weiterhin ist ein Kegelradpaar (2) erforderlich, welches Schalthebel und zuletzt konstruierte Rollenkette (3) miteinander verbindet.

Platzieren Sie aus dem Projektordner das Bauteil ***Ganghebel.ipt*** einmal und das Bauteil ***Gangschaltung-Kegelrad.ipt*** insgesamt zweimal in der Baugruppe. Verbinden Sie die beiden neu eingefügten Kegelräder mit dem Motorgehäuse. Setzen Sie zwei ***Abhängigkeiten***, um die Flächen (4) und (5) der Kegelräder mit den zugehörigen Flächen des Motorgehäuses zu verbinden. Setzen Sie zwei weitere ***Abhängigkeiten***, um die Achsen der zylindrischen Flächen (6) und (7) der Kegelräder mit den zugehörigen Achsen der zylindrischen Flächen des Motorgehäuses zu verbinden.

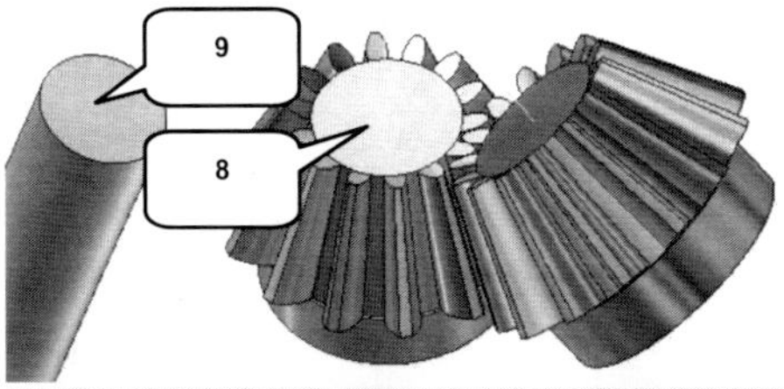

Die Kegelräder sollen axial auf den zylindrischen Flächen angeordnet werden und sauber abschließen. Weiterhin soll der Ganghebel (1) auf dem Kegelrad (2) positioniert werden. Setzen Sie eine ***Abhängigkeit***, um die Stirnfläche des Kegelrades (8) mit der markierten Fläche des Ganghebels (9) zu verbinden. Setzen Sie eine weitere ***Abhängigkeit***, um die Achse der Mantelfläche des Ganghebels (10) mit der zugehörigen Achse der Mantelfläche (11) des markierten Kegelrades zu verbinden.

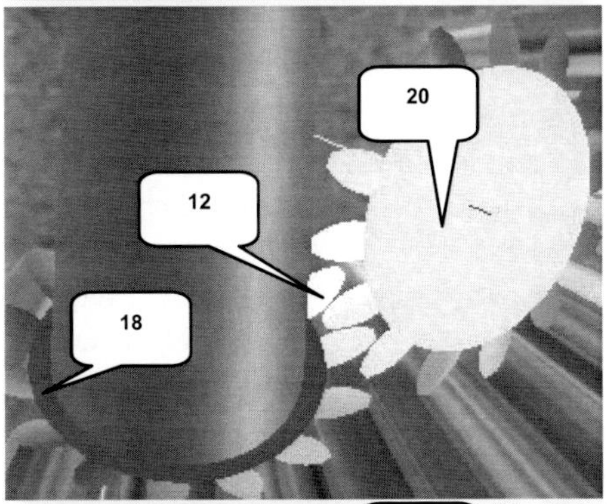

Sobald der Ganghebel an der vorgesehenen Position befestigt wurde, müssen die beiden Kegelräder so gedreht werden, dass deren Zähne kollisionsfrei ineinandergreifen (12). Um die einzelnen Komponenten auch in der Bewegung voneinander abhängig machen zu können, müssen zusätzlich drei Bewegungsabhängigkeiten erzeugt werden.

Setzen Sie eine ***Abhängigkeit*** zwischen Ganghebel und Kegelrad (Register: ***Bewegung*** (13), Typ: ***Drehung*** (14), Modus: ***Vorwärts*** (15), ***Verhältnis***: 1:1 (16), ***Auswahl 1***: Fläche Ganghebel (17) und ***Auswahl 2***: Fläche Kegelrad (18)).

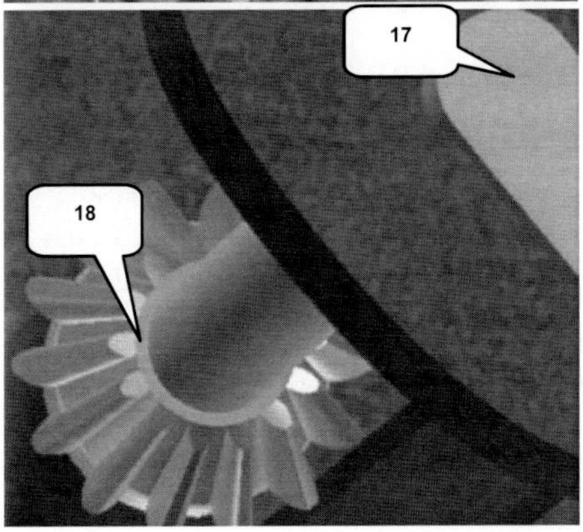

Setzen Sie eine weitere ***Abhängigkeit*** zwischen Kegelrad und Kegelrad (Register: ***Bewegung*** (13), Typ: ***Drehung*** (14), Modus: ***Rückwärts*** (19), ***Verhältnis***: 1:1 (16), ***Auswahl 1***: Fläche Kegelrad (18) und ***Auswahl 2***: Fläche Kegelrad (20)).

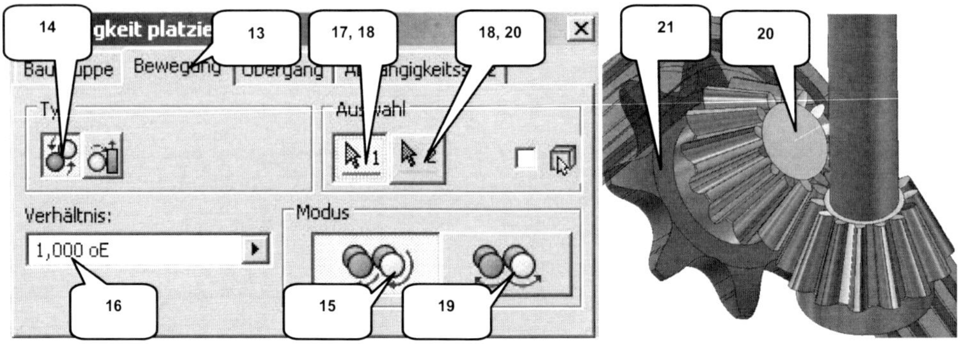

Setzen Sie eine letzte ***Abhängigkeit*** zwischen Kegelrad und Kettenrad (Register: ***Bewegung*** (13), Typ: ***Drehung*** (14), Modus: ***Vorwärts*** (15), ***Verhältnis***: 1:1 (16), ***Auswahl 1***: Fläche Kegelrad (20) und ***Auswahl 2***: Fläche Kettenrad (21)). Wenn Sie den Ganghebel nach Beendigung des Befehl etwas drehen, sollten sich Kegelräder und Kettenräder der Gangschaltung ebenfalls bewegen. ***Speichern*** Sie die Hauptbaugruppe.

4.8 Konstruktion einer Keilwellenverbindung

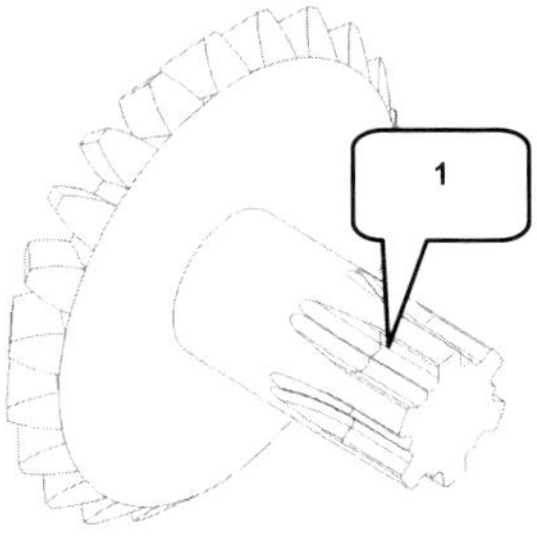

Um Kräfte und Drehmomente von einer Welle auf eine Nabe übertragen zu können, müssen beide Bauteile form- oder Kraftschlüssig miteinander verbunden werden. Sind die zu erwartenden Kräfte und Drehmomente groß, oder werden schlagende Bewegungen erwartet, finden oft ***Keilwellenverbindungen*** (1) Einsatz. Welle und Nabe werden hierbei formschlüssig aneinander angepasst, wobei die Nabe mehrere hochstehende Keile erhält und die Welle mit den passenden Aussparungen versehen wird..

4.8.1 Befehlsgrundlagen KEILWELLEN-GENERATOR

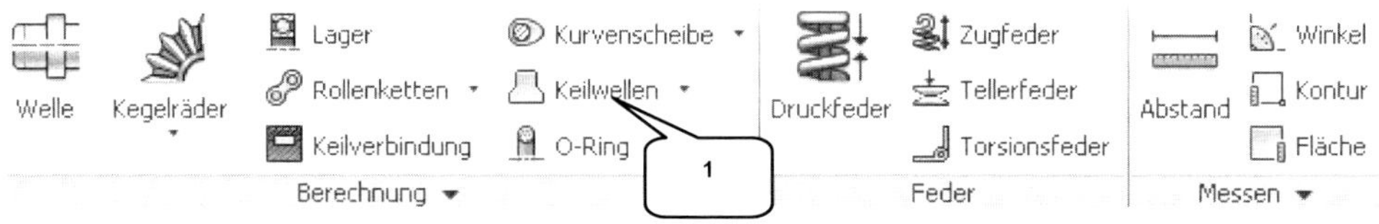

Der ***Keilwellen-Generator*** (1) ermöglicht die konstruktive Veränderung von Welle-Nabe-Verbindungen durch Hinzufügen einer Keilwellen-Verbindung. Die Bearbeitung einzelner Elemente (nur Welle oder nur Nabe) ist ebenfalls problemlos möglich.

4.8.1.1 Register KONSTRUKTION

INHALT

Im Register ***Konstruktion*** wird der Keilwellen-Typ festgelegt, die geometrischen Abmessungen definiert und Referenzen werden festgesetzt.

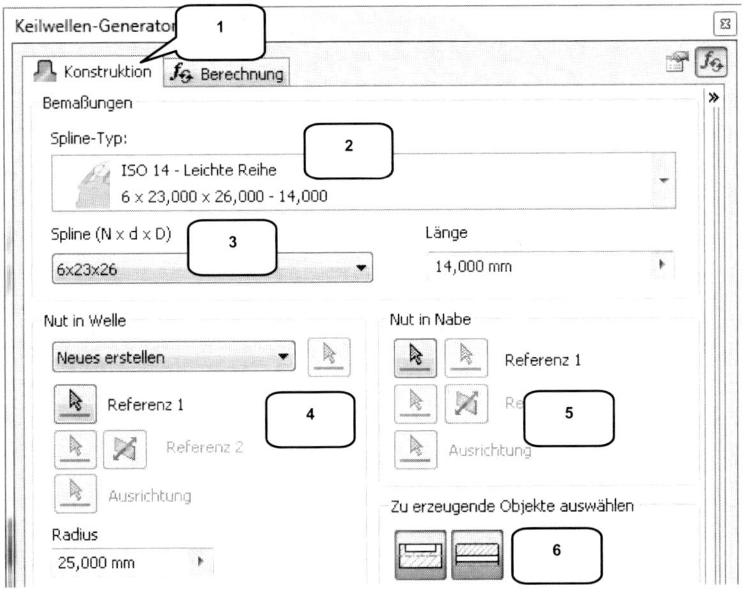

OPTIONEN

1) Register: Konstruktion/ Berechnung
2) Keilwellentyp
3) Keilwellen-Maße
4) Referenzen für Welle
5) Referenzen für Nabe
6) Welle + Nabe oder einzeln
7) Dateibenennung/ Berechnung aktivieren/ deaktivieren

4.8.1.2 Register BERECHNUNG

INHALT

Der Register ***Berechnung*** ermöglicht die Auswahl der Festigkeitsberechnung, eine Definition der Belastungen, Bemaßungen, Verbindungseigenschaften und Materialien von Welle und Nabe.

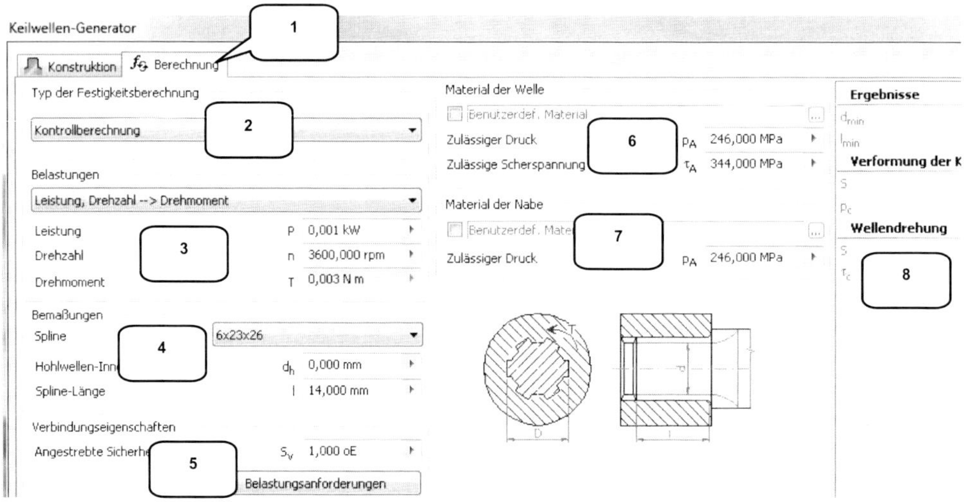

OPTIONEN

1) Register: Konstruktion/ Berechnung
2) Typ der Festigkeitsberechnung
3) Belastungen
4) Bemaßungen
5) Verbindungseigenschaften
6) Wellenmaterial
7) Nabenmaterial
8) Berechnungsergebnisse

4.8.2 Erzeugen einer Keilwellenverbindung an der Getriebeausgangswelle

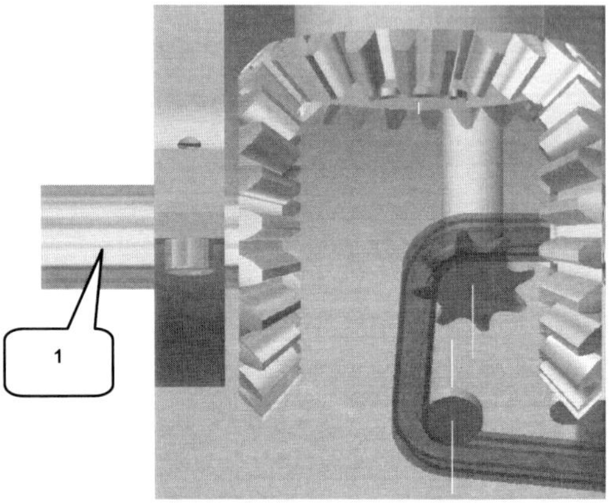

Das Bauteil ***Kegelrad.ipt*** besitzt an seiner Rückseite eine Welle (1), welche aus dem Getriebe herausragen wird. Über sie soll der Kraftfluss aus dem Getrieberaum nach außen geleitet werden.

In der folgenden Übung soll dieser Wellenabschnitt mit einer Keilwellenverbindung versehen werden.

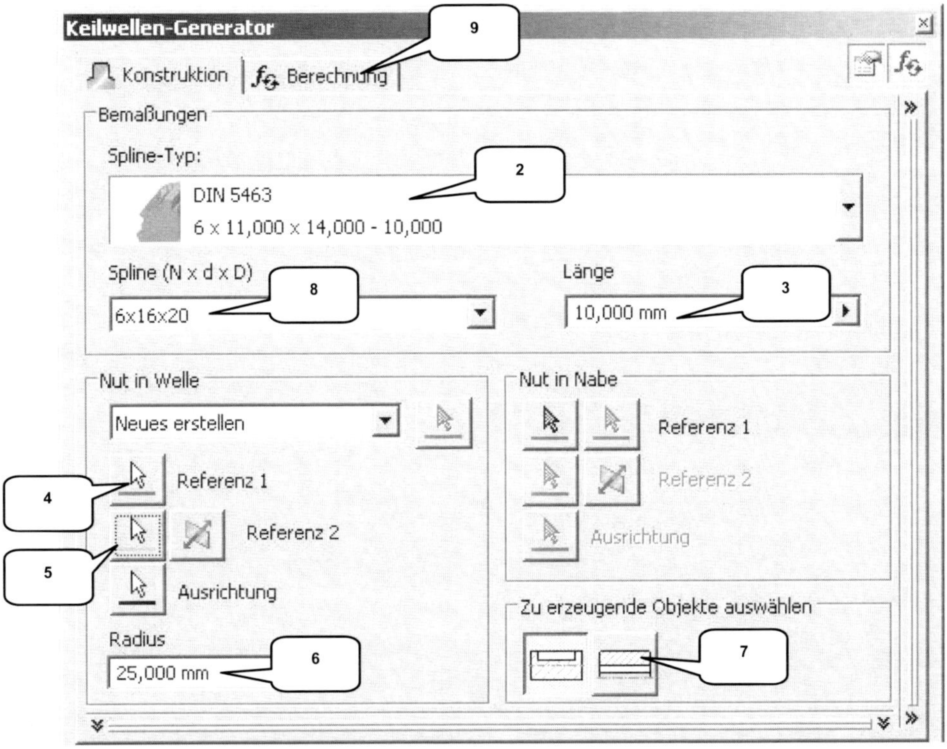

Starten Sie den ***Keilwellen-Generator***. Klicken Sie ins Feld ***Spline-Typ*** (2), wählen Sie die Norm ***DIN*** und aktivieren Sie die ***DIN 5463***. Die Länge der Nut ist mit dem Wert ***10 mm*** (3) zu bestimmen. Als ***Referenz 1*** ist die Zylinderfläche des Kegelrades (4) zu wählen. Als ***Referenz 2*** die Stirnfläche der Welle (5). Übernehmen Sie den Radius ***25 mm*** (6) und deaktivieren Sie die Option ***Nut in Nabe*** (7). Im Feld Spline sollte jetzt die Größe ***6x16x20*** (8) aktiviert werden. Wechseln Sie ins Register ***Berechnung*** (9) und starten Sie die ***Berechnung***. Bestätigen Sie die Eingaben abschließend mit ***OK***. Das Fenster ***Dateibenennung*** kann ebenfalls mit ***OK*** bestätigt werden.

4.9 Der Gestellgenerator

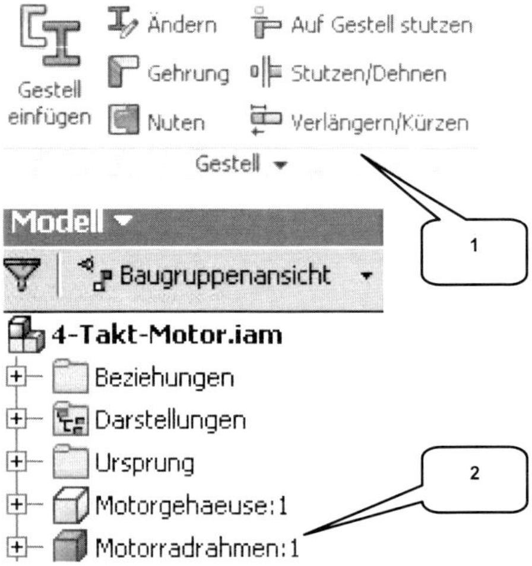

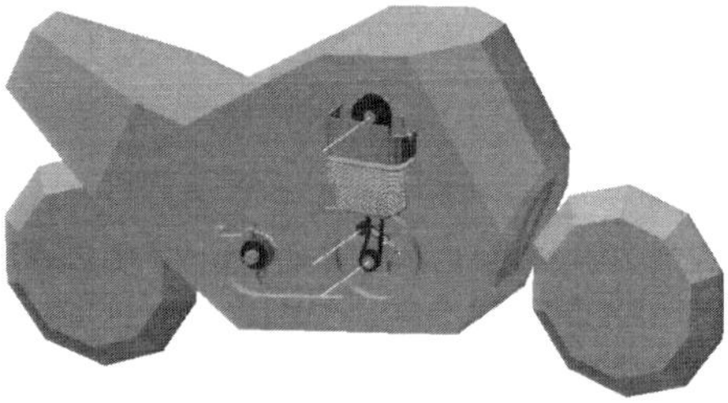

Für die Rahmen- und Profilkonstruktion hält das Programm die spezielle Befehlsgruppe ***Gestell*** (1) bereit. Anhand vorhandener Referenzobjekte (Linien, Punkte, Kanten), können komplexe Rahmengestelle konstruiert werden. Das Programm greift hierbei auf Profile aus dem Inhaltscenter zurück. Jeder einzelne Strang wird als separates Bauteil erstellt und kann jederzeit abgeleitet oder bearbeitet werden.

Klicken Sie im Modellbaum auf das Bauteil ***Motorradrahmen.ipt*** (2) und aktivieren Sie dessen Sichtbarkeit (***rechte Maustaste*** > ***Sichtbarkeit***). Das Bauteil enthält einen Volumenkörper, dessen Kanten als Referenzen dienen werden.

4.9.1 Befehlsgrundlagen GESTELL-GENERATOR

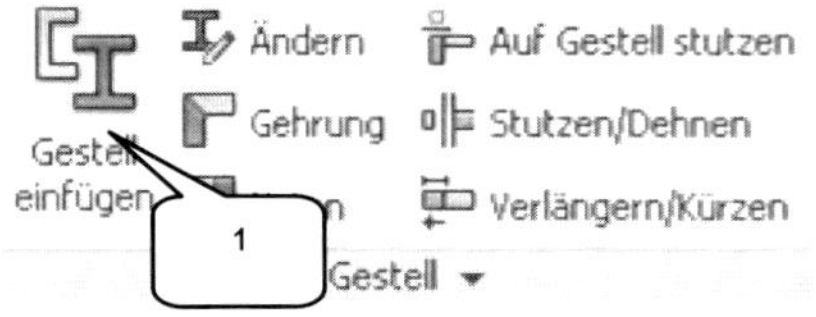

Mit dem ***Gestell-Generator*** (1) können Profilelemente aus dem Inhaltscenter in die Baugruppe importiert werden. Als Referenzen dienen Linien, Punkte oder Kanten.

OPTIONEN

1) Profilelement für Gestell wählen
2) Ausrichtung des Profils
3) Referenztyp (Punkte/ Kanten) und Auswahl der Referenzen
4) Dateinummer und Bauteilname automatisch aus dem Inhaltscenter abrufen

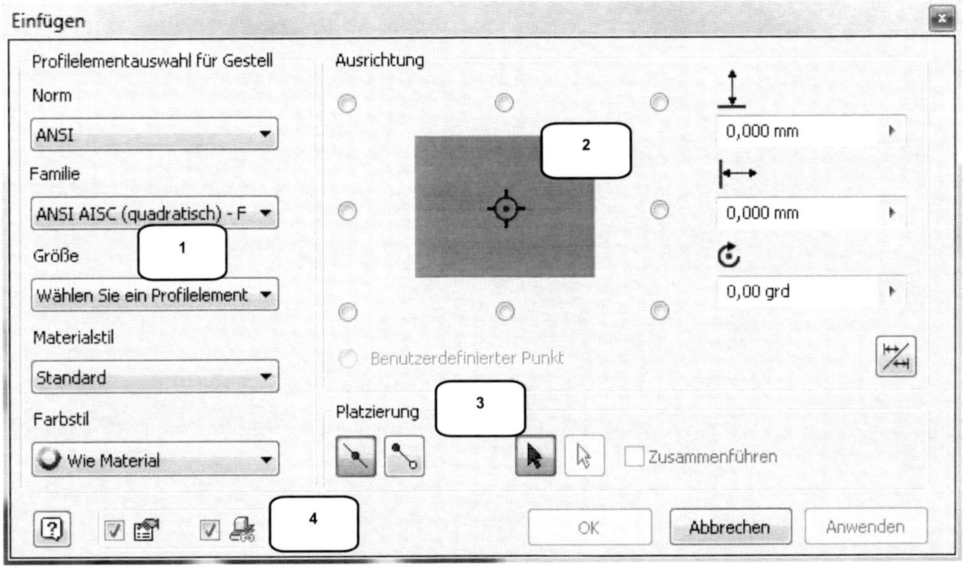

4.9.2 Erzeugen des Motorradrahmens und der beiden Reifen

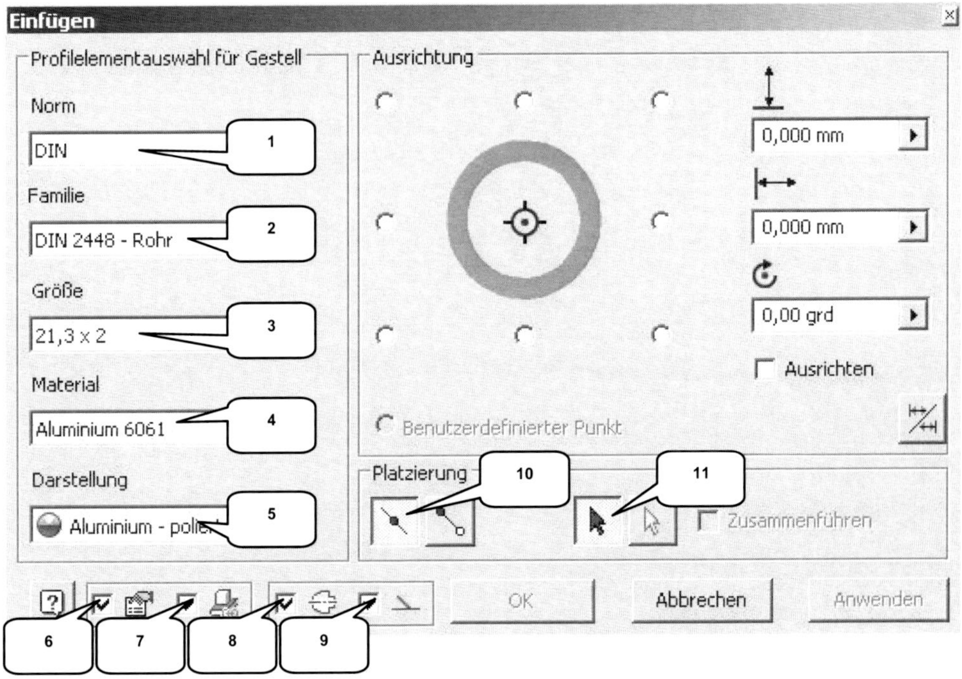

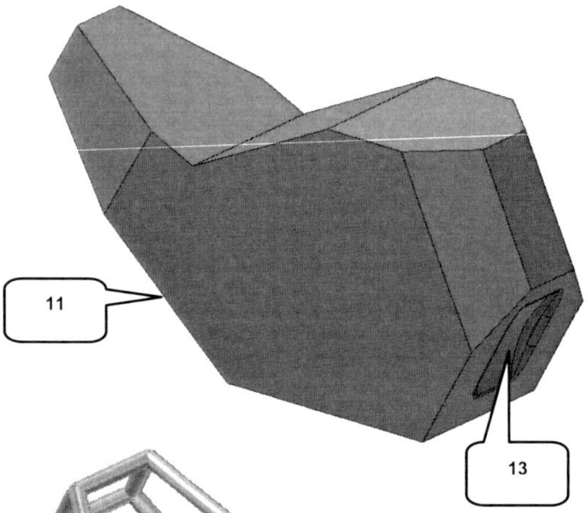

Starten Sie den **_Gestellgenerator_**. Wählen Sie die Norm **_DIN_** (1), die Familie **_DIN 2448 - Rohr_** (2), die Größe **_21,3 x 2_** (3), das Material **_Aluminium 6061_** (4) und die Farbe **_Aluminium poliert_** (5). Aktivieren Sie die vier Kästchen (6...9) und aktivieren Sie den Platzierungstyp **_Profilelemente auf Kante einfügen_** (10).

Wählen Sie jetzt nacheinander die **_Referenzkanten_** des mittleren Volumenkörpers (11) , bis alle Kanten mit einem Rohr versehen wurden, so wie in Abbildung (12) dargestellt. Dieser Volumenkörper besitzt Aussparungen für die Reifen (13). Achten Sie darauf, diese nicht zu verwenden.

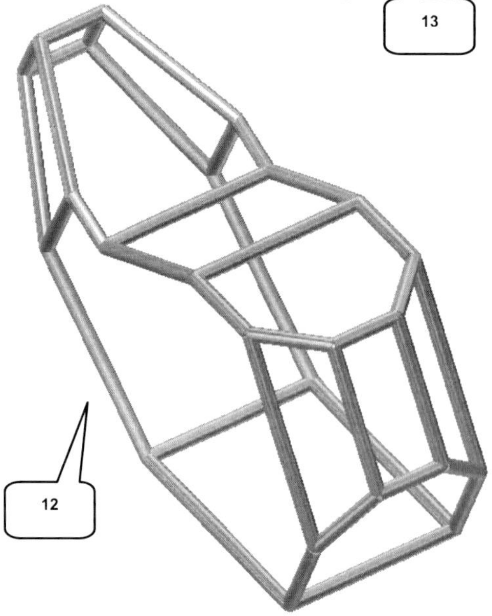

Sobald alle markierten Kanten bei Ihnen mit der nebenstehende Abbildung übereinstimmen (der Volumenkörper wurde hier ausgeblendet), kann eine erste Berechnung des Rahmenmodells durch **_Anwenden_** gestartet werden.

Die sich daraufhin öffnenden Fenster sind jeweils durch **_OK_** zu bestätigen. Das Programm startet mit der Berechnung der einzelnen Profile, was einige Zeit in Anspruch nehmen kann.

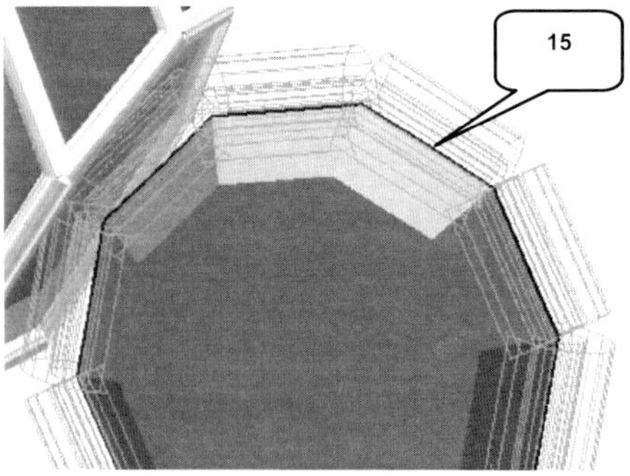

Sobald die Berechnung erfolgreich beendet und das Gestell vollständig generiert wurde, kann mit der Konstruktion der Räder begonnen werden. Übernehmen Sie alle Einstellungen aus Abbildung (14) und wählen Sie als **_Referenzkanten_** nacheinander die Außenkanten von Vorder- und Hinterrad (15). Bestätigen Sie abschließend mit **_OK_**.

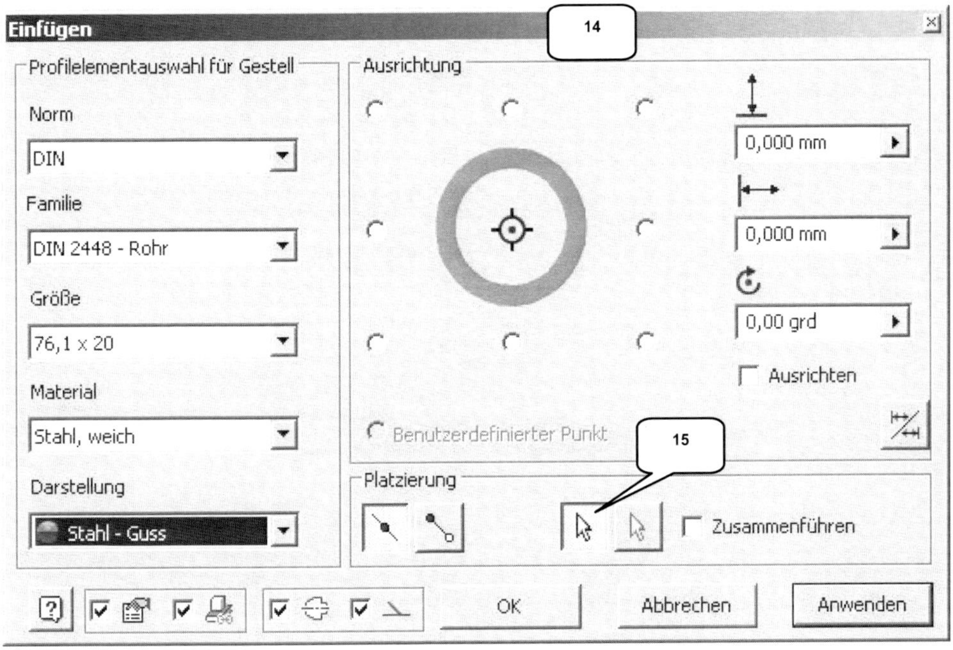

Verlassen Sie kurz die Bearbeitung des Rahmens, um das Bauteil ***Motorradrahmen.ipt*** wieder auszublenden (***rechte Maustaste*** > ***Sichtbarkeit***). Um zurück in den Bearbeitungsbereich des Rahmens zu gelangen (dieser wird als eigenständige Baugruppe erzeugt), doppelklicken Sie auf die Baugruppe ***Frame0001.iam*** im Modellbaum. ***Speichern*** Sie die Baugruppe.

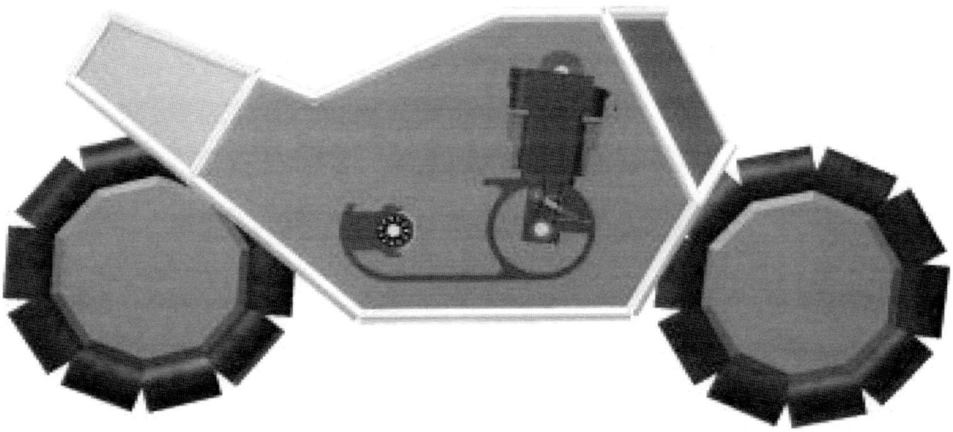

4.9.3 Befehlsgrundlagen GEHRUNG

Treffen Profile aus dem Gestellgenerator aufeinander (z. B. an den Enden), schneiden diese ineinander. Mit dem Befehl ***Gehrung*** (1) können zwei Profilelemente (aus dem Gestell-Generator) aufeinander zugeschnitten werden, wobei die Änderungen auch in die Bauteile übernommen werden.

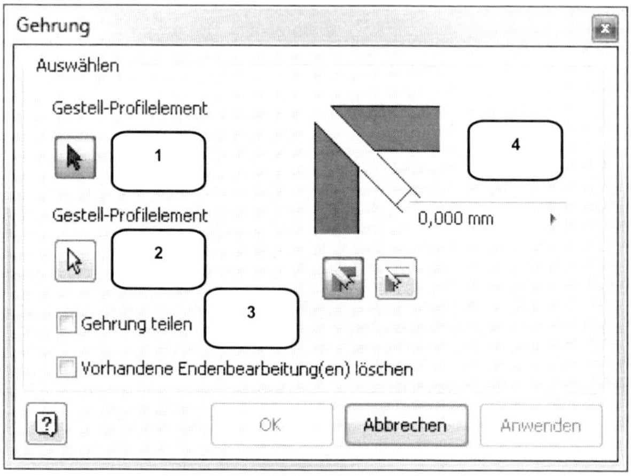

OPTIONEN

1) Erstes Profilelement
2) Zweites Profilelement
3) Gehrung teilen, vorhandene Bearbeitungen löschen
4) Abstand und Ausrichtung des Schnittes

4.9.4 Rohrsegmente aneinander anpassen

Starten Sie den Befehl ***Gehrung*** und wählen Sie als erste ***Referenz*** das markierte Rohr (1) und als zweite ***Referenz*** das markierte Rohr (2). Aktivieren Sie die Optionen ***Gehrung teilen*** (3) sowie ***Gehrungsschnitt auf beiden Seiten*** (4) und tragen Sie den Abstand ***0 mm*** ein (5). Bestätigen Sie die Auswahl durch ***Anwenden***. Das Programm errechnet den optimalen Zuschnitt der Segmente und bearbeitet beide Rohre. Wiederholen Sie den Befehl bei den restlichen Rohren beider Reifen.

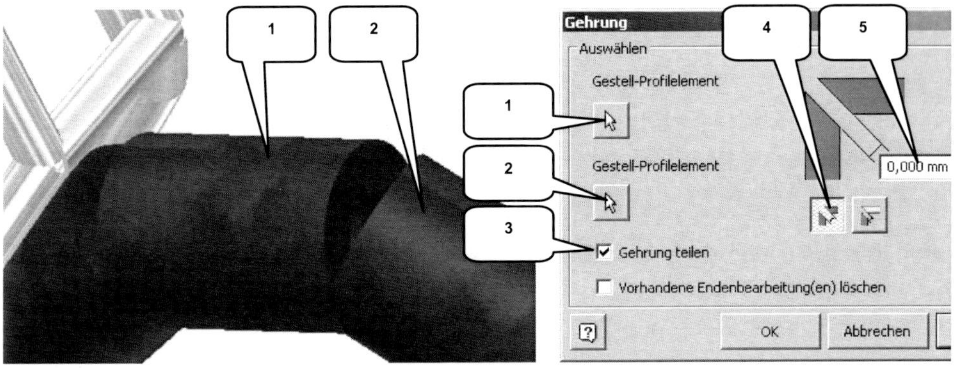

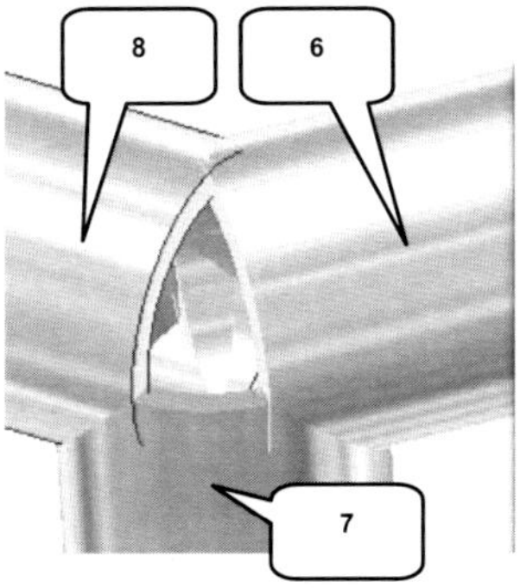

Wurden alle Verbindungen der Reifen lückenlos geschlossen, wird der Befehl beim Rahmen des Motorrades wiederholt. Hier gibt es allerdings eine Besonderheit. Es treffen jeweils drei (nicht nur zwei) Rohrsegmente aufeinander. An jeder Schnittstelle muss der Befehl daher auch dreimal ausgeführt werden. Suchen Sie sich eine beliebige Ecke des Motorradrahmens heraus und beginnen Sie dort mit der Bearbeitung. Verwenden Sie dieselben Einstellungen wie beim letzten Befehl.

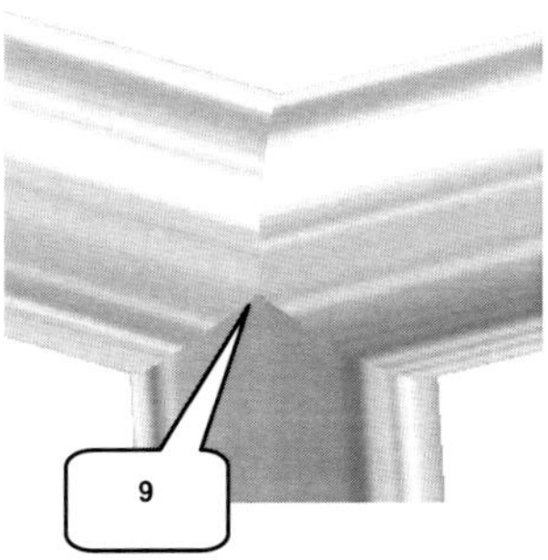

Wählen Sie für die erste Gehrung als ***Referenzen*** die Rohre (6) und (7) und bestätigen Sie den Befehl durch ***Anwenden***. Wählen Sie danach als ***Referenzen*** die Rohre (7) und (8) und bestätigen Sie den Befehl durch ***Anwenden***. Wählen Sie abschließend als ***Referenzen*** die Rohre (6) und (8) und bestätigen Sie den Befehl durch ***Anwenden***. Im Resultat sollte jetzt die in Abbildung (9) dargestellte Eckverbindung zu sehen sein. Wiederholen Sie den Befehl für jede Ecke des Rahmens.

Der Bearbeitungsbereich der Baugruppe ***Frame0001.iam*** kann anschließend ***verlassen*** und die Hauptbaugruppe ***gespeichert*** werden.

5 Schlusswort

Der Autor des Buches hofft, dass Sie bei der Arbeit mit dem Programm und dem Übungsprojekt viel Spaß hatten. Der Inhalt des Buches wurde sorgfältig geprüft. Leider können Fehler nicht ausgeschlossen werden.

Wenn Ihnen während der Arbeit mit dem Buch Fehler auffallen sollten, oder wenn Sie Ideen zur Verbesserung des Inhaltes haben, ist Ihnen der Autor für jeden Hinweis per E-Mail dankbar. Konstruktive Anmerkungen können jederzeit an:

- ***schlieder@cad-trainings.de***

gesendet werden.

Vielen Dank.

INDEX

A

B

D

E

G

I

K

L